生きるための農業
地域をつくる農業

菅野芳秀

版会

生きるための農業　地域をつくる農業……目次

＊本書は、大正大学地域構想研究所編集の雑誌『地域人』（大正大学出版会）連載「おきたま通信『百姓の独り言』」（２０１５年９月〜２０２３年５月）を抜粋、再構成したものです。各項目の最後の（　）内は掲載年月・号です。

「おきたま」とは……

置賜。現在の山形県南部の米沢市・南陽市・長井市を中心とした盆地地域。古くは、出羽国に属し、「おいたみ」とも称された。現在、行政地名としては郡名の一部にしか存在しないが、置賜地方は政治・経済・文化の中心となっている。

装幀――岡本洋平（岡本デザイン室）

序章　いま農村で何が起きているのか

悪戦苦闘する農業の現場から

「おじちゃん、お米つくっても利益が全くでない、やっていけないと言うけれど、どうしてつくるのやめないの？　やめればいいだけのことだべ？」

俺の甥が聞いてきた。

話したところで、お前たちの世代に分かってもらえるかなあ。俺の場合はだよ。それはな……。

田んぼはあくまで田んぼなのだが、そこで働いていると、そこには父母の、そのまた父母の、そのまた……と、米づくりに関わって来た祖先の累々たる労働や時間、それに込めた思いなどの蓄積が見えてくる。そんな先達が渡してくれた「タスキ」を受け取ることを決めた者にとって、田んぼは、単なる田んぼではなく、そこに残された両親を含む、祖先たちの願いの総和を受け取るということなんだ。百姓を生きることは、そんな「タスキ」

とともに生きることなんだ。「仕事」としてというより、「生き方」としてこの道を選び取ったといった方が分かりやすい。だからな、稲作の収支が合うかどうかで、やめるの、やめないのという話ではないんだよ。

そんな日本中のたくさんの「タスキ」のおかげで、コメの悲惨な低価格の中でも、全国の水田は緑なのだ。ま、農政は百姓のそんな思いに応えようとは全くしてないけどな。だけど、ここまで来ればそれももう終わりだろう。「農仕舞《のうじまい》い」の声があっちこっちから聞こえてくる。

ある意味、日本の主食のコメがどうなろうと、もう俺たちの知ったこっちゃない。国も頼りにはならないだろうから、後は生産者、消費者問わず、一人一人が自分の生き方の問題、自分の生存の問題、いのちの問題として、食い物を手にする道を探ること。自分たちでつくることを含め、そこから始まる食といのちの関係を大事にすることだよ。その先があるとすれば、まずそこからだろうな。

俺は、山形県長井市で百姓をして50年になる。菅野農園は水田が5ha。大豆畑が3ha。それに玉子を得るための放し飼いの自然養鶏を1000羽。

ニワトリの出すフンを田んぼや畑の肥料にする。田んぼや畑が生み出すくず米・くず野菜はニワトリのエサにする。他に豆腐工場のおから、学校給食の残飯などの地域の有機性廃棄物もエサにする。自分では地域循環農業、あるいは地域社会農業と言っている。地域で循環する農業を目指してきた。

その俺も、長年の農作業の中で、腰と膝を壊し、一線で働くのが難しくなってきている。いまは農作業と経営の中心は42歳の息子が担っている。22歳で農業を継いでくれて以降、菅野農園の柱だ。親の俺がいうのもおかしいけど、朝早くから夕方遅くまでよく働いている。

昨年、その息子が百姓やめていいかと言い出した。ついに来たかと思ったよ。10年ほど前まで集落40戸のうち30戸が農業をやっていた。それがたった10年で20戸余りやめた。いまは10戸にも満たない。さらにここ数年でそれも半分以下となるだろう。

42歳と言えば、地域農業にとっても中心的働き手。村や生産団体からいろんな役を要請され、それを断らずに頑張っていた。そんな息子が農業やめていいかと言ったのはもみの乾燥機が壊れたからだった。

もみの乾燥機は約200万円する。どこをつついたってそんな資金は出ない。

息子は「友人の工場で来てくれないかと言っているから農業やめてそこで働こうか、迷っている」と言った。

それを聞いて、「俺たちは農業のために生きているのではなく、幸せになるために生きているんだ。農業をやって幸せにはなれないと思うなら、いつでもやめればいい」。そんな返事をしたと思う。

結果的に、もう少し続けようとなった。家族でお金を捻出して、200万円の乾燥機を更新できたからだ。

しかし、次は精米もみすり機、田植え機、コンバイン、トラクターなどの寿命が待っていて、その都度やめるかどうかという深刻な崖っぷちに立たされる。息子だけではない。日本国中どこの百姓も同じだ。農業機械が壊れた段階で、農業をやめるかどうかの選択を迫られる。

どうしてそうなる？　何が問題なのか？

大規模農業には農民も農村も不要なのだ

東京から我々の村に来るには、山形新幹線で赤湯駅へ、そこからフラワー長井線に乗り換えて約30分。長井駅に降りるまで、平地のほとんどが水田と思うような風景が続く。

その水田ではいま、ところどころでブルドーザーが動き、大型基盤整備事業の最中にある。山形だけではない。秋田も新潟も岩手も……東北各地でも同じような光景が見られる。

我が家の田んぼは、すでに過去の基盤整備事業で、1区画12～28ａぐらいに整理されている。日本は山国なので傾斜地が多い。大きな区画の水田はなかなかつくれない。でも、いまのままで十分に大きい。そこに新しい基盤整備事業が始まったのは2017年（平成29）だ。1区画1ha、100m×100mの大型区画の圃場《ほじょう》工事が行われている。この事業の農家負担はゼロ。国策事業として工事費は農水省や県が分担して支払う。

結果として、自作農や家族農などの小農（小規模農家）が田んぼからはじかれて、稲作農家としてやっていけなくなった。なぜかといえば、兼業農家、専業農家を問わず自作農や家族農のような「小規模農業」では大規模圃場に必要な大型機械を買い、その流れに対応することが出来ないからだ。

必然的に、その農業の担い手は個人ではなく、農業法人となる。建設業や食品業など異業種企業の参入も始まっている。その場合、農業従事者は農民ではなく会社員で、通勤する場合は村の生活者ですらない。

ここが肝心なところだ。もう一度言う。煎じ詰めて言えば、大規模農業の経営には、農民がいなくていいのだ。農民がやる農業はいらない。農村すらなくても構わない。それを先取りする様々な現実はすでに始まっている。

生産費を賄えないコメの価格

いままで経験したこともないほどの規模と速さで、ガラガラと音を立てながら、戦後の自作農を中心とした日本農業が崩れていく。

「農民が農業から離れていく。人がいない。だから大規模化は避けられない」という言い方もあろうが、現場感覚ではそうではない。逆だ。グローバリズムの影響を受けた自民・公明党政権の規模と効率の農業政策がまずあって、小農、家族農の経済生活は破綻に追い込まれ、その結果として離農、離村が進んでいるのだ。

一番大きな原因は、農産物の過酷すぎる安さだ。特に米価がひどい。農水省・東北農政局が毎年発表しているコメの生産原価は1俵60kgあたり1万5000〜1万6000円前後。コメ60kgつくるのにこのぐらいはかかるということだ。ところが昨年産米の農協（JA）が農家に払う価格（買取価格）は、品種にもよるが1俵60kg1万2000円前後だった。これでは農民の手取りは生産原価に及ばない。そんな価格が10年以上続いている。つくればつくるほど赤字になるのだ。

『農業協同組合新聞』（2024年3月10日号）によると、2019年の水田農業の1時間当たりの農業所得は208円。直近の22、23年では時給10円だという。10円！　なんという価格だ！　これはもう、趣味でコメをつくれ、小農は死んでしまえという価格だ。

そのうえ、4割の減反だ。コメづくりから農家が離れていくのは当然だろう。コメをつくっていたのでは暮らしていけないのだから。

「おじちゃん、それが分かっていてなぜお米をつくってきたの？　赤字なのに」

甥が俺に聞いてきた冒頭の場面にいきつく。

「そ、それはだな。お金じゃないんだよな。ま、言ってみたら、ご先祖様から積み重ねられてきた願いや思いというか……」

いい、悪いの話ではなく、コメをつくることは、ダイコンや白菜をつくるのとはわけが違う、もっと神聖なこととされてきた。だから稲作農家はお金になるか、ならないかで、やめたり続けたりはできなかったし、しなかった。

甥が分かってくれたかどうか……。でもそうとしか言いようがない。そんな思いと後継者へのタスキ渡しが、どんなに低価格でも田んぼを守ってきた背景にはあった。「荒らしたのでは、ここまでタスキをつないでくれたご先祖様に申し訳ない」と思いながら。

数百万の農民たちのこんな思いが、現政権の低米価政策下でも、全国の百姓が美田を守り、つないできた背景にあった。それは間違いない。でも、それも限界。無理だ。もう終わりだろう。

政府はいままで田んぼを守ってきた農家を潰して何をしようとしているのか？

日本のコメの生産は年間670万t。生産能力は1000万tを超えるだろうが、4割の減反政策に現れているように、その生産が強く抑制されている。他方、アメリカをはじめ諸外国から小麦の輸入は550万t、大麦200万t。それが年々増え、その度にコメの生産が抑制されていく。国内のコメづくり農家の生産意欲を抑制し、首を切り、外国小麦の輸入を拡大する。それが現政権の政策だ。信じられるか？　自国の農業を、自国の政府が破壊している。

「離農奨励金（農地集約協力金）」が出ているうちにやめようか……。この奨励金（協力金）というのは農業に就くためのものではない。農地を公的な機関にあずけて離農していく人に対して支払われる、「手切れ金」のようなもの。わずか数十万円（10aあたり数万円）だが、俺たちはこれを「離農奨励金」と呼んでいる。まさに棄農政治だ。

「農仕舞い」に追い打ちをかける農業機械の更新

いまや食料生産の現場に「農仕舞い」の言葉が生まれ、ぼろぼろと離農者が続く。それでもなお、耐えている農家に、さらに追い打ちがかかってくる。大規模化を目指さない農家に対して加えられる、更新の時期を迎えた大型農業機械の補助金の停止である。

稲作は農作業ごとに機械が変わる。田植え機械、トラクター、コンバイン、乾燥機、もみすり機……。機械にもよるが1台あたり安くて400万円は下らない。高いものだと800万円を超える。

米の生産原価を下回る販売価格から考えても出せる金額ではない。農家によっては、親父の年金、母親の年金の助けを借り、何とかお金をかき集めてローンを組み、農機を更新しようとする。

「そんなことをしなくても国の補助金があるじゃないか？」と言う人もいるだろうが、政府の方針はあくまで小規模農家には厳しい。この補助金は、大規模化を目指さない、あるいは目指せない農家や、拡大成長路線を描かない、あるいは描けない農家には出ないのだ。

機械は当然のことながら、いつか壊れる。機械が壊れた段階で、多くの農家にとっては農業を続けるのは無理。やめざるを得なくなる。農業機械の更新時期が離農時期となってしまうのだ。

近所のT君の場合。彼は30頭の米沢牛を飼っていて、先日チャンピオン牛を出した。彼は30頭の和牛と7 haの水田も組み合わせて複合経営をしている。白鷹町（山形県西置賜郡）の誰もが認める農業リーダーだ。その彼も農業機械の更新のための補助申請に役所に行ったら、規模拡大の成長路線の企画書を書けと言われたという。

T君は、農業は工業とは違う。成長路線では田んぼや牛の世話がおろそかにならざるを得ないし、農業の本質は循環だと思ってきた自分の理念とも違うと言って、補助申請を撤回して帰ってきた。彼はいまもって農業をやめてないから、何とか補助金に頼らずに機械を更新できたのだろう。

繰り返してきているように、農業機械が壊れた時が離農を迫られる時。これが全国の水田百姓たちの現状だ。俺が百姓して50年経つけど、経験したことのないようなスピードで家族農、小農が離農していく。

大規模化がつくる赤茶けた田んぼ、生き物がいない水田

農水省の推進する〈みどりの食料システム戦略〉は、2050年までに目指す姿として「化学農薬の使用量（リスク換算）を50％低減。輸入原料や化石燃料を原料とした化学肥料の使用量を30％低減。耕地面積に占める有機農業の取組面積の割合を25％（100万ha）に拡大」（令和3年5月、農林水産省）としている。

これは農水省官僚が、ヨーロッパとか近隣諸国からの圧力に押されながら、やむなく、無理やりに数字を出さざるを得なかったとしか思えない代物だ。いまのような大規模圃場の拡大、小農の切り捨て路線の延長線上で、有機農業の割合を25％にすることなんて全く不可能だ。いったい誰がやるんだ？　どうやるんだ？　しかも化学農薬、化学肥料の削減なんて無理。現場から考えたらとんだ笑い話だぜ。

大規模化とはケミカル（農薬、化学肥料）依存農業とセットだ。誰にだってそれは分かる。

小農ならば、やる気にさえなれば有機農業は可能だけど、大規模農業ではできない。大規模になればなるほどケミカル依存になっていくしかない。それを……どんどん農家を離農に追いやり、法人が管理する水田面積を拡大させながら、一方で農薬を2分の1以下に減らしていく……。

無責任なことを言うな農水省。遊休農地はたくさんある。だったら君たちがまず見本を見せるべきだろうが！

浮ついた農水省の〈みどりの食料システム戦略〉をあざ笑うかのように、足元では、緑ではなく真っ赤な畦畔《けいはん》が水田一面に広がっている。これは畔草が除草剤で殺されている風景だ。

本来、畔とは水田のダム。小さなダムを決壊から守っているのは畔の草。草の根が土をしっかりつないでダムが破れないようにしている。そこに除草剤を撒くことは、そんな草を根から枯らすこと。雨が降ればダム機能の畔がボロボロ崩れ、上を歩けば、ズズッズズッと崩れていく。これでは水田を維持できない。そのことは百姓自身が一番よく知っている。それでも除草剤を撒くのは、畔草を刈るための労働力がないからだ。

農薬の効力期間も長くなってきた。経費と労働力削減のためだ。例えば殺虫剤。田植え直後から稲刈り直前まで効くものもある。その結果、田んぼの中の小動物がいなくなった。夕方うるさいぐらい鳴いていたカエルも少なくなった。虫がいないから、田んぼの虫を食べるツバメもスズメもトンボも少なくなった。沈黙の風景が広がっている。赤茶けた水田、生き物がいない水田。これが大規模化のつくる春の風景だ。

誰も「幸せ」になれない農業

繰り返すが、いまの農業政策は日本に農民のやる農業がなくていい。農民がいなくなってもいい。村がなくても構わないというものだ。法人か会社が担う大規模農業で、安価なコメが効率的に生産できれば、それで十分だと考える、そんな政策が続いている。

では、規模を拡大した農家、あるいは農業法人が、それで「幸せ」を手にしたかといえば、決してそうではない。必要経費が膨らむ一方の中で、国の政策的補助金に頼る農業にどんどん傾斜することになってしまう。農業の操縦桿《かん》は国に握られ、もう後戻りができなくなってしまっているかに見える。それが分かっていて、多くは赤字を抱えながらも、前に進むしか選択の余地がない。

煎じ詰めて言えば、現政権の効率だけを追う農業政策の下では、誰も幸せになってはいない。離農に追い込まれる家族農・小農も、そして大規模農家さえも、その点では一緒だ。農業を通して、誰もが幸せにはなれない。

大規模化を進めている渦中の人に話を聞いた。

小国町（山形県西置賜郡）のFさんは本業がプロパンガス屋さん。従業員からの依頼で田んぼをやりだしたら他の従業員や近所の農家から、俺のもやってくれと頼まれ、年間10haずつ増えていったという。

山間部で大きな農家といっても4haを超えなかった地域で、いまでは大豆が20ha、水田が40ha。農業を始めて6年目。さらに増え続けている。

彼は「小国町でも、家族で稲作専業農家は無理だ。会社勤めで収入を確保しながら、プラス副業で稲作をどこまでやれるか。やれなくなって俺んところに農地を持ってくる」と話す。

話はさらに続く。「いま、俺の村の農家の平均年齢は75歳を超えている。多くは自分の代でやめると言っているが、それを新規就農者が引き継ぐのは無理だ。1台400万円もする機械が必要。同じような価格の田植え機、トラクター、稲刈り機を買いそろえて水田農業なんて採算が合わない。結果的に土建業の方々にお願いするしかない」

Fさんは、「地域農業を維持する上で、異業種の参入はもう欠くことのできないことだと思うよ」と言う。いまの農政ならば全くそうだ。同じような大型機械を持っている建設業だってできるかどうか……。

もう一人の大規模化の渦中の人はBさん。15町歩（15ha弱）経営。我が家の3倍の面積を耕していた。彼はコンバインが壊れて、新しいコンバインを見に行ったら1台1000万円。15haならそうなるだろう。農協から借金して買った。ところが、下がる一方のコメ価格。ローンが払えない。大規模だから逆にマイナスが大きい。営農資金を貸した農協が借金のかたに機械を持っていったという。彼は農業を続けられなくなって、より大きな農業法人（会社）の職員となった。それでも生活がむしろ安定したと喜んでいた。

これが日本を代表する穀倉地帯である置賜地方の出来事なのだ。雰囲気は分かってもらえるだろう。

自給圏という希望

ここまで書いてきたように、小農、家族農の離農は、もう取り返しのつかないところまで進んでしまっているように思える。俺たちはそのことによって、貴重な仲間を失ってきただけではなく、未来に生きる人々の希望そのものを壊し、失なってきているのではないかと思う。そして、その世代責任の大きさに潰されそうになる。

それでも俺たちが伝えられるものは何なのか。

ずいぶん前のことになるが、俺たち置賜の百姓は、１９８９年（平成１）に、国際民衆行事の一環として「ピープルズ・プラン21（ＰＰ21）」を開催した。

以来、俺たちはそこで学んだものを整理し、農民運動の指針として今日まで実践的に活かしてきた。その活動の多くは、俺たちだけでなく全国各地で多くの人たちが取り組んできたことだろうし、ともに共有できるものだと思う。

具体的には、農薬散布の廃止、減農薬米運動の展開、レインボープラン（台所と農業をつなぐながい計画）、置賜自給圏構想などの活動だ。これらについては、拙著『七転八倒百姓記』（現代書館、２０２１年）に詳しく書いている。できればそちらも参照してほしい。

「置賜自給圏構想」について、少し書いておきたい。

「田舎の出世は都会になることではない。堂々たる田舎になることだ」。都会の植民地にならず、農を基礎にした、自立と自給の地域をどうつくるか。そんな考えが「置賜自給圏構想」につながった。

農業は予算や補助金を通して「国政」に紐づけされている。俺たちはそれを国ではなく、地域との連携を重視し、地域の生活者（消費者）との協力関係を深めようとした。

それは農を通して、小さな地域内循環の輪をつなぐこと。より詳しく言えば、地域農業と教育、福祉、健康をつなぎ、生活者の台所や、学校給食、病院食などをつなぐ。売るために特化された農業ではなく、地域のための農業、ともに生きるための農業、生活者が健康に暮らすための農業を目指した。

そのうえで改めて言えば、置賜を一つの「自給圏」ととらえ、圏外への依存度を減らし、圏内にある豊富な地域資源を利用・代替していく。それによって、地域に産業を興し、雇用を生み、富の流出を防ぎ、地域経済の好循環をもたらす。当時としては、新たな視点に立った地域づくりだ。

置賜3市5町から自治体の首長を含む300人ほどの各界、各層の代表者の参加を得て、2014年「一般社団法人置賜自給圏推進機構」が発足した。この活動はいまも展開中だ。

晩秋の時期。

農家の庭のあっちこっちにいまにも落ちそうな真っ赤に熟した柿の実がぶら下がっている。風が吹くと、ポトポトと落ちる。その落ちる直前の柿の実に、お前のいまの心境を教えろとマイクを向けたら、柿の実は何と答えるだろう。柿の実は、「俺はもう終わりだ」と、絶望を語るだろう。しかし、その実の中の種に聞くと答えは変わる。きっと「俺たちの時代が近づいてきた」と希望を語るに違いない。柿の種の立場にたって時代に参加するのか、柿の実に自分を重ねてため息をつくのか。この差は大きい。

いまは工業系から生命系への大きな時代の転換期。生命が生きるに不可欠な水、空気、土、種……。それらも地球環境の一層の悪化を受け、人類が生き残っていけるか否か、生存をかけた転換期だと思っている。

そんな渦中にいる俺たち百姓の時代的役割は、いままで培ってきた農と暮らしの知恵を活かし、地域の足元から生活者と連携し、ともに生きるための農業をつくりだしていくことだろう。負けていてはダメだ。

「みんなでなるべぇ柿の種」

第一章　「百姓」は生き方だ

異端者として――マイナス500mからの出発

25歳で故郷に帰り、一度は逃げ出したいと思った田舎を、逃げなくてもいい、いつまでもそこで暮らしたいと思える地域に変えていこうとする。いままで言えば「地域創生」（地域づくり）を志したということだろうか。そんな課題をもって、農民として歩み続けてから45余年の時が経った。

俺が考える地域づくりとは、人と人とが同じ課題を共有し、自発的な連携のもとに始める共同の作業。人間関係ほど厄介なものはない。人の悩みの大半はこれ。実際の地域づくりもこのこととは無関係ではない。

それらはどんな立ち位置から始めたのかを簡単に触れたい。

山形県の典型的な農村に生まれた俺は、農家の後継者として25歳から農業に従事して現在に至る。20歳ごろから学生運動に参加し、村に帰って来た時には「過激派だったそうだ」との評判が地域の中にあふれており、地域づくりの道を歩むには初めから厳しく、刺激的な空気に満ちていた。それほど「過激」なことをやったつもりはなかったけどね。

後に明治大学農業経済学科が食料環境政策学科として新しく出発するにあたって、卒業生として学生向けに講演を依頼された時、「学生運動に情熱を燃やし、大学に迷惑を掛けた男ですから……」と断ろうとしたのだけど、「菅野さん、それを言ったらこの大学の半分の教授がいなくなりますよ」と笑われた。当時はそのぐらい幅広い若者が、学生運動に参加していたことをうかがい知る話として面白い。

時代はそうだったけれど山形の農村では違っていた。周りを見渡すと、俺は地域の異端者となっていた。おまけに就農した翌年から始まったコメの第二次生産調整。国が示した減反計画は40万ha。この広大な水田面積のコメを一挙に減らし、あわせて大豆、ソバなどの作物に転換しようとする。問題はこれを国が強権的に進めようとしたことだ。減反すれば奨励金を出すが、しないならば罰則を科すというアメとムチの政策。このことは誇りをもって土を耕していた農民の自尊心を大いに傷つけた。

俺はとてもこの政策を受け入れることができないと考え、長井市内で一人だけ国や農協の方針に逆らい減反を拒否した。しかし「減反せよ」の同調圧力はすさまじかった。それは過労で入院していた病院にまで押し寄せてきた。百姓になって2年目。「異端者」で、かつ「地域に同調しない男」。人と人とが連携して進める地域づくりはどんどん遠いものになっていった。出発がゼロではなく、「マイナス500m」というのはこのためだ。

あ、言い忘れたがオレは191cm、100kgを超す大男。だけどそれは地域づくりとは関係がない。

（2021年7月・第71号）

理念あっても利益なけりゃ

百姓になって2年目の1977年（昭和52）はコメの第二次生産調整、いわゆる減反政策が強化された年だ。当初、減反反対は全国の農業県、農業団体の共通の声だった。山形県長井市でも行政や議会、農協を挙げての声となっていた。

ところが減反すれば奨励金を出すが、しないならばそのコメは買わない、そして罰則を科す、という国のアメとムチの政策の中で次々と掲げた旗を降ろしていく。気が付けば3万3000人の長井市でも、減反拒否者は俺一人となっていた。せめて俺だけでも……と掲げ続けた旗だったが、「一人でも反対者がいる集落には市の助成金は出さない」という新たに加えた市の方針の中で、肝心の農民の同調者が消え、孤立し、最後は俺も旗を降ろさざるを得なかった。

地域づくりとはそこに暮らしている人たちが主体となって担う足元からの共同作業。そう考えてきた俺にとって、肝心の農民からの孤立はずいぶん切なかった。

いま、改めて振り返れば、減反反対の取り組みは、孤立すべくして孤立し、敗れるべくして敗れたのだと思う。当時、「食糧管理制度」の下で、生産したコメは全て国が管理し、生産者からは高く買い、消費者には安く卸す。それが制度の目的とされていたが、実際にはその価格差がほとんどなくなり、減反の必要性だけが強調されていた。他方、制度外流通は「ヤミ米」とされ、処罰の対象になっていた。もし国が買わないのならコメは出口を失うことになる。拒否を続けていたら経営的に破たんする。そんな減反反対のやり方に、他の農家は同調できなかった。俺の孤立はそんな孤立だった。

その一連の行動の中で学んだものは大きい。俺の行動はたとえそれが地域のために必要な取り組みだとしても、その中に「理念」だけではなく、あわせて「利益」がなければ続かない。生活者にとっては当たり前のことだろうが、それが俺の「教訓」となった。辛い体験の中から得た教訓が、その後の俺の取り組みの中に活かされていく。

それから数年後、大型ヘリコプターによる農薬の空中散布が始まった。我々の村にはおよそ８００haの水田がある。民家も学校もその水田の中にある。農薬の空中散布はそんな水田で行われた。夜も明けきらぬうちにヘリコプターが飛ぶ。農薬の影響を考えて子どもたちの通学路はどこよりも早く散布し終えるのだが、いったん水田に撒かれた農薬は子どもたちが登校する頃になると温められた空気と共に上昇する。その農薬が漂う中を子どもたちが歩いて学校に通っていた。俺も一緒に歩いたが農薬の臭いがプンプンしていた。せめて空中散布の日は子どもを車に乗せ学校に送り届けたいといっても「集団登校は教育の一環だから」と学校は認めなかった。

子どもたちや住民の健康よりも生産性や経済性を優先する姿がここにあり、それも仕方ないとする暗黙の了解があった。農薬の空中散布は、農民の高齢化の中で、いくらかでも防除作業を楽にしたいという現場からの声を受けてのことだったからだ。単に空中散布は身体に悪い、環境に悪いというだけでは止められない。「こうあるべき」という「理念」だけでは駄目だ。同時に「利益」があるような中止の在り方はないものか。

そこで考えたのは「減農薬実験田」。穫れた減農薬米を首都圏の生協へ届ける産直だった。空中散布をしない減農薬米を一般米よりも少し高く買い取ってもらう「利益」で「理念」を通す。60aの俺の田んぼはさいわいほかの水田から離れている。田んぼに赤い旗を立てて、ヘリコプターの散布区域から外してもらった。

殺菌、殺虫剤ゼロの俺一人の実験田を3年。そして地域に呼びかけ、農協と15人の農家と共に空中散布に依存しない7年の実践。合わせて減農薬米10年の取り組みの結果、800haの空中散布が止まった。それをきっかけにして置賜3市5町の2万haの空中散布も止まった。

いま長井市からは毎年約1000tの減農薬米が首都圏に届けられている。経験から学んだ「理念と利益の調和」の結果だった。

（2021年8月・第72号）

最後に並ぶ

孤立からの脱却。もちろん脱却といっても、避けられない孤立、耐えなければならない孤立はある。しかし、無駄な孤立は避けるに越したことはない。まして俺が志したことは「人と人とが同じ課題を共有し、自発的な連携のもとに始める共同の作業」としての地域づくりだ。一人でできる仕事ではない。いつまでも孤立していたのでは何も始まらない。理念と方向性を一人でも多くの人たちと共有すること。まずはここから始まる。

俺の場合は、ヘリコプターによる農薬の空中散布をなくす取り組みを皮切りに、生ごみと健康な食が地域の中で循環する「レインボープラン」という地域づくりに至った。その活動のほとんどは、同調者を獲得していく過程、つまり、仲間や支持者の輪を拡大していく取り組みだった。

農薬の空中散布をなくすための事業は、地域の農民や農協の理解と参加を抜きにはあり得なかった。そして後者のレインボープランも、長井市全体の理解、わけても議会、行政、消費者、市民、農民、経済界などの理解と支持がなければ到底実現することができない事業だった。

ちなみにレインボープランは農水省や環境省の行政白書の中に、模範的地域事例として何度か紹介された。２０００年（平成12）「第５回環境保全型農業推進コンクール最優秀賞」（農林水産省）、04年「第５回明日への環境賞」（朝日新聞社）、06年「第35回日本農業賞・特別部門第２回食の架け橋賞」（日本放送協会、全国農業協同組合中央会）なども受賞した。これは、たくさんの市民と長井市を支えているいくつもの団体の協力と参加を得て実現したものである。マイナス５００ｍから出発したことを考えれば、感慨深いものがある。

さて、課題に対して人々の支持を得るのに1番目に必要なのは、自分が何をやりたいかをはっきりさせることだ。叶えたい夢の設計図を具体的に描いてみることだ。そして、その世界がもたらす未来図を楽しく想像してみることだ。

その設計図を描いたり消したりしているうちにだんだん愛着が増してくるものだ。夢に本気で惚れ、夢を血肉化し、自分の身体の毛細血管の隅々まで浸透させること。ずいぶんと飛躍した話だと思うかもしれないが、そうすると不思議なことに夢が自分に向かってどんどん近づいて来るようになる。話をするチャンスがやってくる。新しい出会いもやってくる。

「惚れて通えば千里も一里」ということわざがある。好きな人、好きなことのためなら、どんな苦労も苦労にならない。やりたいことを明確にして、それに惚れ込むこと。その惚れ込む深さがその人の力となる。まずはそこからだ。

2番目はいったん決めた目的から目をそらさないこと。

イソップの「ウサギとカメ」の話を知っていると思うが、なぜ足の速いウサギが負けて、カメが勝ったと思うか？「それはウサギが油断して眠ってしまったからだ。そんなことは小学生だって知っている」。そう答える人がほとんどだろう。その答えに間違いはないけれど、それを違う角度から見ればこうなる。

「カメはゴールを見てひたすら歩んだが、ウサギが見ていたモノはゴールではなくカメだったから。この見ていたモノの違いが勝負を分けた」

自分のやりたいことにいくら惚れ込んだとしても、途中でその努力を放棄したり、忘れたりすれば、そのためのチャンスは足元から逃げていく。そういうものだ。

3番目は、自分の中から、「俺が……」「俺を……」「俺に……」というさまざまな形で自分の利益を広げようとすることを排除する。大切なことは自分の利益に拘泥《こうでい》しないこと。その点で禁欲的であることだ。俺がいつも頭の中で思っていたことは「他の誰よりも努力をするよう心掛け、その成果を戴くことがあるとすれば、列の最後に一番小さな袋を持ってそっと並ぶ」

なかなかできにくいことだが、地域づくりにおいては特に不可欠な視点だと思う。

（2021年9月・第73号）

見える風景が変わっていく

時代はいま、大きな転換期を迎えている。どんな転換期か。いささか言い古されてはいるが、工業系が主導した生産効率第一の「資源収奪型社会」から、社会が持続的であることを何よりも優先する「生命系循環型社会」へ。つまり効率より持続。

この文明史的ともいえる大転換期の中にあって、その転換に成功するかしないかに人類の未来、もっといえば生存し続けることができるか否かがかかっている。いまという時代はそんな時代だ。

また転換期とは理想を語る時代でもある。別な言い方をすれば、大きな夢を語り、それを行動に移す時代ということだ。理想と夢がなければ取り組む意味がないし、理想と夢があっても実行に移さなければ何にもならない。希望に決意を込める。理想を形にする。遠くを見て足元から変えていく。

あらためて言うまでもなく、俺は農民だ。よって、農民と農村の立場からこの転換期に参加する、しなければならないと思っていた。今までとは違う大きな世界観の中に農業を位置付け、農を基礎とする循環型社会をつくり出すための地域政策が必要だ。まずそれを考えよう。ここから始まる。

我が家は農村集落の中にある。俺の田植えの様子を周りの農民はしっかり見ている。田植えだけではない。その後の苗の管理。健康に育ってるか。病気に罹ってはいないか。特に我が家は殺菌ゼロ、殺虫ゼロ、化学肥料ゼロのコメづくりをやっていて、それを周りに働きかけてもいた。だから、余計に周囲の注目を浴びる。

管理が悪くて生育が悪かったりすると「それ見たことか。口先では農業はできないよ」と言われてしまう。評判はすぐに広がる。1度や2度の失敗ならまだいいが、重なれば評価は田んぼの中だけにとどまらない。そんな奴と地域づくりをやっていこうとは誰も思わなくなっていく。常に人から見られ、値踏みされる。地域づくりは実に難儀だ。

こんな中から踏み出すのだから最初の一歩はどんな小さなことでもいい。大きな世界観を孕んだ小さな一歩こそ、やがて大きな流れをつくり出す。

踏み出す前に「できるわけがない」と思えばそれで終わり。理想を追いながら、まず身近なところから具体的に動く。そこから人と人との関係が変わり、見える風景も少しずつ変わっていくだろう。マイナス500mを自覚しながら少しずつ覚悟が育っていった。

（2021年10月・第74号）

希望の循環をつくる

菅野農園は朝日連峰の麓の自然豊かな村の一角にある家族だけで営む小さな農園だ。水田4haと1000羽の自然養鶏（採卵）が経営の柱。ニワトリたちが大地の上で遊ぶ姿は珍しいらしく、子どもたちが遠くから遊びにやって来る。

ニワトリは、午前中は4面金網の鶏舎の中で過ごし、午後になるとローテーションに従って屋外に出る。そこには草地が広がっていて、彼らは薄暗くなるまで日向ぼっこをしたり、草を食べたり、虫を追いかけたり、駆けっこをしたりしながら自由に過ごす。俺もときどき草場に腰を下ろしてそんな光景を見ているのだが、いつまでも見飽きることがない。幸せそうなのだ。

「低い網なのに、よく外に逃げないなぁ」

誰かがこんな感想を言ったことがあったが、網を飛び越えて出て行くのは外の方がおもしろそうだ、幸せになれそうだと思えるから。網の内側の方が良いとなれば、何も無理して逃げ出すことはない。ときどき「探検」に出ることはあっても、結局は戻ってくる。内側にはキツネ、タヌキなどの獣に襲われる心配のない安全な夜があるし、いつだって食べ物と水があり、飢える心配がないのだ。その上、草地の上で飛び回る自由も、オスとメスが恋をする暮らしだってある。

このようなかたちでニワトリを飼っているのは、健康でストレスの少ない毎日を送りたいという彼らの願いと、おいしい〝玉子〟を食べたいという俺たちの願いとが、かなりの点で一致すると思っているからだ。彼らが幸せであれば、我々もまた幸せになれる。

鳥インフルエンザの事件は、テレビを通して、ケージという狭いカゴに飼われたニワトリの過酷な日常を映し出した。薄暗い鶏舎の中、小さなカゴにぎっしりと詰め込まれているニワトリたち。羽を持っていても飛ぶことはおろか、広げることすらできず、足があっても歩くことができない。お日さまを拝むことも、風を受けることもなく、両脇に隣人の体温を感じ、対面に自分と同じように苦しむ同輩を眺めながら、長い一日を過ごしている。その環境の中で〝卵〟はさながら工業製品のように大量生産されている。

ニワトリを閉じ込めているのは、その方が効率的だからだ。ここには、ニワトリを不幸にしても人間の利益になればという構図がある。でも、俺にはどうしても、ニワトリを不幸にすれば、回りまわって人間もまた不幸になっていくと思えるのだ。

そんなニワトリの毎日に、EU（欧州連合）から光が差し込んだ。ニワトリを狭いカゴで飼育する方法が2012年（平成24）1月1日から禁止となったのだ。より自然に近づけ、すべて地面の上で飼わなければならなくなった。その背景には「動物福祉」という考え方がある。経済的に飼われた生き物であっても、処理される直前までその生き物らしい暮らしを保障しなければならないという考え方だ。これはニワトリ界にとってまさに革命だ。

その先駆けとなったのはドイツ。消費者団体が政府に働きかけて実現したという。自分たちが手にする食べ物が安全かどうかを問うだけでなく、その産み手の状態にまで思いが及んでいるということだろう。それがEU全体に広がったのは、そう受け止める文化が国境を越えて存在しているということだ。

翻って、日本の場合はどうか。残念ながら、ニワトリたちを狭いケージから解放しようという声は聞いたことがない。相変わらず「経済効率」一辺倒で飼育されたままだ。そして台所からは、卵を安心して食べられない、匂いが嫌いだ、アレルギーだ……という声が聞こえ続けている。

いのちはつながっている。すべてはつながっていて、一方の苦しみは他方の苦しみの原因となっていく。でもそれは、関係を変えれば喜びの循環、健康のつながりにもなるということだ。そんな希望の循環を我が家のニワトリたちと一緒に創っていきたい。だから、我が家のニワトリにはケージはいらない。

（2015年10月・第2号）

＊文章中、菅野農園で採卵したものは〝玉子〟、その他を〝卵〟と表記している（以下同）。

俺たちは土の化身

長年、農業に就いていてつくづく思うことは、「土はいのちのみなもと」ということだ。かつて山形県でキュウリの中からおよそ50年前に使用禁止となった農薬の成分が出てきて問題になったことがあった。50年経っても土の中に分解されずにあったのだろう。そこにキュウリの苗が植えられ、実が付き、汚染されたキュウリができてしまったということだ。また、隣の市でも、お米からカドミウムが出たこともあった。

つまり、作物は土から養分や水分だけでなく、化学物質から重金属まで、いい物、悪い物を問わずさまざまなものを吸い込み、実や茎や葉に蓄えるということだ。それらは洗ったって、皮をむいたってどうなるものではない。何しろ作物に身ぐるみ、丸ごと溶け込んでいるのだから始末が悪い。土の汚れは作物を通して人の汚れにつながっていく。

『食品成分表』（女子栄養大学出版部）を参考に１９５４年（昭和29）と２０００年（平成12）のピーマンを比較すると、１００gあたりに含まれるビタミンCの含有量は２００㎎から76㎎へと激減している。ビタミンB１も０・１㎎から０・０３㎎に。その他のビタミンも同じように２分の１、３分の１へとその成分値を下げているのだ。これはピーマンに限ったことではなく、すべての作物に当てはまる。

また、ミネラルにも同じことがいえて、カボチャのカルシウムは44㎎から20㎎に。同じくホウレンソウは98㎎から49㎎に。春菊の鉄分は3・3㎎から1・7㎎に。ニラは2・1㎎から0・7㎎に。このように軒並み数値を下げているのだ。

原因は何か。田畑に立つ者の実感として、それは土の衰えにあるのではないかと考えている。1954年まではほぼ堆肥だけで作物をつくっていた。だが、60年代に入ると堆肥から化学肥料へと農法を変え、効率と増産による最大利益を追い求めてきた結果、土の力が衰え、作物の質が落ちていったということではないかと。

いま、人々は50年前と比べ、成分値が数分の1に下がった作物を身体に取り入れながら、骨や肉、血液をつくらざるを得ない。土の弱りは作物を通して、それを食べる人の身体の弱りにつながっていく。60歳を超えた人ならばそれでも仕方がないとあきらめもつくが、これからの子どもたちを考えれば、ことは深刻だ。

土を喰う。そう、俺たちはお米や野菜を食べながら、それらの味と香りに乗せてその育った所の土を喰っている。俺たちはさながら土の化身だ。土の健康は即、人間の健康に結びつく。食を問うなら土から問え。いのちを語るなら土から語れ。健康を願うなら土から正そう。生きて行くおおもとに土がある。そういうことだ。

このことは我々のみならず、100年後の人たちにとっても、200年後の人たちにとっても変わらない。まさに土は世代を超えたいのちの宝物だ。

政治や行政の最大の課題が、人々の健康、すなわちいのちを守ることであるとすれば、そのいのちを支える土の健康を守ることは第一級の政治課題でなければならない。

さて、近年、外国から多くの農作物が入ってくるようになった。TPP（環太平洋経済連携協定）が締結されるならば、さらに多くの食べ物が入るようになるだろう。農水省の調査によるとTPPに参加すれば、国の食料自給率は13％まで下がるという。そうなれば87％は諸外国からの作物だ。それらの作物を食べながらさまざまな国々の土を食べることになる。当然のことながらその土の汚染度合いも疲弊度合いもわからない。国民の健康で安心な暮らしが量的のみならず、質的にも不安にさらされることになるだろう。

他方で、海外から押し寄せる作物の安さに引きずられ、国内の農業はより一層の低価格を実現すべくコストの削減を進めざるを得ないだろう。農法は農薬、化学肥料にさらに傾斜し、土からの収奪と土の使い捨て農業が広がっていくのではないかと危ぶまれる。

俺たちに求められているのはこのような道ではなく、土をはじめとしたいのちの資源を守り、その上に人々の健康な暮らしを築いていくことだ。大げさに聞こえるかもしれないが、そんな新しい人間社会のモデルを広くアジアへ、世界へと示していくことこそが、日本の進むべき道ではないのかと思うのだ。

（2015年11月・第3号）

田畑は舞台、百姓は主人公

昔「百姓」とは働くものたちの総称だったという。そこから、商いをしている人たちが商人として分かれ、同じように左官屋、大工、鍛冶屋なども百姓の範疇から離れていく。そして、いつの頃からか百姓は農業に就くものたちを指すようになっていった。

「農民」という言い方もあるが、俺たち村人にとってはどこか説明的で、よそよそしく、外から持ち込まれたような印象を与える言葉だ。実際、学校の授業や教科書には百姓ではなく農民という言葉が使われ続けている。それでも村の暮らしの中には根付かなかった。近頃では「農業者」、あるいは「担い手」と言ったり、最近では「農家さん」と言ったりするが、いまでも村の中では「百姓」という言葉が生きている。

さて、その百姓だが、かつて「百姓を如何に生きるか」を巡って、情熱をもって話し合う青年たちがいた。俺が20代で農業に就いた頃、今から40年ほど前のことになる。当時盛んだった青年団でのことだ。彼らにとって百姓とは、職業上の意味合いを超え、「生き方」を示す言葉となっていた。

そもそもどのような肥料を使うのか、消毒はするのかしないのかから始まって、農協をどう捉えるのかなど、議論は多岐に及んだが、話の中心は常に農業に就いている一人ひとりの生き方に関わる話だった。そうである以上、簡単に妥協できるものではなく、話はどんどん熱を帯びていき、激論になることもたびたびだった。

彼らの中には「百姓」という言葉についての共通認識があったように思う。農業に就くこと、土を耕すことへの誇りだ。土や田畑の上に嫌々立つのではなく、自信と誇りをもって立つ。時の権力、時代の流れに迎合しない生き方だ。

当然のことながら俺の農業の主体者は「俺」だ、国でも農協でもないという姿勢が基本となっている。国や農協が言う、○○をつくれ、△△が良いなどの言葉に軽々に従うのではなく、自分独自の調査によって何をつくるかを決めていた。農法においても暮らしにおいても自分固有の哲学を持ち、それを具体的に実践しようとした。何よりも言葉だけの人や言行不一致を嫌う。自分で考えることなく流れに乗ること、同調してしまうことを何よりも恥じていた。

彼らも他人やほかの力に依存せず、自身の力を基本に、工夫して生きようとした。彼らの多くは家畜を飼い、堆肥をつくり、自前で肥料をまかない、安易に化学肥料に手を出さなかった。暮らしに必要な作物はほとんど自給していた。彼らの農業は、彼らの生き方を反映した農業だった。煎じ詰めて言えば、「田畑の主人公」たらんとした。

百姓を生きることの核心もまた、そこにあったのだと思う。

あれから40年経った。周りの農業や農村、農家の暮らしはずいぶん変わった。高齢化と後継者不足が進み、村の人口も減った。一方、広く眼を転ずれば、農産物貿易のグローバル化が進み、世界中から農産物が押し寄せて来るようになり、日本の自給率は当時の54%から39%に下がった。消費者の中には食の安全に対する不安が高まり、また、農業の後退で村の存続が危うくなっている地域も出てきている。このまま日本の農業は衰退し続けるのか。本気で心配する声も聞こえるようになった。

しかし、我が置賜地方では、水田などで一部の農家に農地が集中し始めてはいるものの、まだまだ中小の家族農業はたくさんあるし、村の中心はいまでもこの人たちだ。その中には百姓としてどうあるべきかの激論を重ねたかつての青年たちがいる。いまや彼らは60代。村のリーダー格として健在だ。

彼らがこのまま引き下がり、農業と村の幕引き役を担うとは到底思えない。かつて青年団時代に激論を交わしたように、「この地の農業をどうするか。さらにいま、百姓としてどう歩むか」などを巡って、地域を挙げ、大いに激論を交わすときが来ると思っている。農業の苦難な時代に百姓を選んだ若い世代や、農業を大事に思う地域の住民を巻き込んで……。

動きは、すでに始まっている。

（2015年12月・第4号）

農家の食卓

農家の食卓に上る食材の中で、自分の田畑でつくっているものの占める割合は高い。肉や魚まではいかないが、けっこうな割合になっている。

我が家は4haの水田のコメと1000羽の自然養鶏の玉子、最近ではそれに納豆を加えて経営の柱としているが、当然、それだけではない。春から秋にかけて畑にはさまざまな自給用の野菜が育つ。ジャガイモに、キュウリ、ナス、トマト、ウリ、小松菜、ネギ、春菊、ピーマン、スイカ、カボチャ、しし唐、トウモロコシ、モロヘイヤ、ゴーヤ……まだまだある。それらを、まちの人がスーパーから買うように、あるいは冷蔵庫から取り出すがごとく、畑から直に取ってきては、まな板の上に載せる。

畑に向かう道すがら、あるいは畑の中で見渡しつつ、メニューを考え、必要な野菜を必要なだけもぎ取り、台所に運ぶ。まな板と畑がつながっているのだ。自給率もさることながら、この〝直結野菜〟はおいしさが違う。夏ごろ、妻がこんなことを話していた。

「友人がスーパーから買ってきたキュウリを一口食べてみた。確かに新鮮に見えたよ。だけど畑から直に取ってきたものとは、まったく違っていた。口に含んでも香りが少ない。みずみずしさが足りない。キュウリがキュウリでない。全然おいしくなかった。後で我が家のキュウリを持ってきてやるからと言って帰ってきたよ」

いかに鮮度を保つ装置を働かせても、スーパーの野菜は畑からまな板に直行した野菜にかなうわけがない。栄養価だって違うだろう。

こんな野菜がいつも食卓に並ぶ。ある日、食卓を見たら、小松菜のおひたし、カボチャの煮つけ、鶏肉の野菜炒め、ウインナーやフランクフルトといったソーセージ、当然のことながらコメや玉子、納豆に至るまで、お汁のワカメとダシの小魚以外はほとんど自前の物であることに気付き、うれしくなったことがあった。自前の野菜で食卓のほとんどを満たすということは、農家では当たり前に見られることだ。豊かな食卓。土があって始めて築かれるこの豊かさが農家の醍醐味、面白さだ。

野菜に限って言えば、我が家の自給率は春から秋にかけては80％ぐらいか。冬は畑が雪に覆われるからグンと低くなるが、それでも大根や白菜、ジャガイモ、ネギなどの保存野菜がある。

しかし、農家とて季節の野菜を完璧に自給しているわけではない。つくらなかった物もあれば、失敗もある。そんな時、不足を補うものは農家同士のやりくりだ。

「枝豆を持ってきたよ。お前の家ではつくっていなかったよねぇ」「サトイモはあるか？良くできたから持ってきたよ」

季節によって巡る野菜は違うが、けっこうな量が回っている。これを加えれば自給率はさらに上がるだろう。農家と村。そこには人々が織りなす、土に根ざした豊かな食の世界がある。

さて、食べ物をめぐる、最も豊かな関係といえる「地産地消」。これを実現していこうとする農業を称して「地域社会農業」ともいうらしい。農家や村にある食の豊かさを、同じ地域社会に実現しようとする、そんな農業だ。

我が家では30年にわたって、1000羽の自然養鶏の玉子を同じ町のほぼ200軒の市民に宅配してきた。今ではそこにコメや納豆も加わっている。つくって、配って、集金して……。つくるだけの農業と比べてなかなか忙しい。それでもいままで続けて来られたのは、農民と消費者というだけでなく同じ時代に生きる者同士、あるいは同じ地域の中の生活者と生活者という共感の中で、食べ物としての玉子を渡したい、作物を届けたい、こんな思いが強かったからだ。

生活者の観点に立って、いま住んでいるところを天国にしていこうとする農業。地域社会農業をこのように表することもできるだろう。グローバル市場経済がいよいよ強まろうとするなか、こんな農業の役割はますます大きくなっていかざるを得ないと考えている。

さぁ、もうじき雪が来る。野菜の取り入れを急ごう。

（2016年1月・第5号）

農民講談師になろう

1カ月ほど前のこと。携帯電話に「03‐○○○○‐○○○○」の着信履歴があった。

「先ほどお電話いただきました菅野と申します。ご用件はなんだったのでしょうか？」

「あのう、失礼ですが、どちらの菅野さまでしょうか？」

電話の相手は、受付係のようなニュアンスだ。そうか、向こうさまは会社なんだ。

「山形県の百姓です。30分ぐらい前にお電話いただいたようですが……」

「そうですか。それではしばらくお待ちください。こちらでお調べいたします」

「ありがとうございます。ちなみにそちらさまは、どのような会社なのでしょうか？」

「はい、『東京○△』と申しまして芸能プロダクションです。それではお待ちください」

なに！　芸能プロダクション？　そのような職種に友人はいない。ということは……。

会社の業務として電話をくれたということか。だとすると……、もしかしたら、俺に？

そうか。時代はついにここまで来たか。来てくれたか。

「青年たちよ。なくなったって誰もさして困らない虚飾の文化（仕事）の中で、貴重なエネルギーをこれ以上浪費するのはやめよう。人生を擦り減らすのはやめよう。田園まさに荒れなんとす。日本を土といのちから問い直そう。築き直そう。農業と農村は君たちを待っている」

プロダクションに興行実務を依頼しながら、百姓として、百姓のままで、広く全国にこんなメッセージを飛ばし続ける……。うん、いいかもしれない。

いまは亡き作家の井上ひさしは、誰よりも農業の大切さを認識され、農業を守る日本知識人の中心的存在として奮闘されてきた方だ。かつて、その彼が校長の「生活者大学校」で、百姓として3回ほど話す機会を与えられたことがあった。何回目かの時、井上さんは俺にこう言った。

「菅野さん、あなたはなかなか味のある話ができる人だ。さらに訓練して農民講談師となり、農の大切さを訴えながら、全国を話して回ったらどうだろうか？」

「え、こうだんし？」

「うん、玉川ナニガシとか、一龍齋ナントカとかの、あの講談師だよ。いけると思うよ」

大作家の井上さんから、直にいただいたご助言。かなり、グラッときた。

実際、いままでもいくつかのラジオ番組に出て、「土、いのち、食、地域」などの話題を中心に話をする機会があったのだけれどな。放送局の人に言わせれば、けっこう反響があったという話だ。自分で言うのも変だけれど。

まあ、ほかにも、そんなこんなで、さまざまな手応えを感じてきたのだけれど、まさか、大きな波がこのような形でやってこようとは……。農民講談師……。本気で考えてみよう。

絶滅危惧種になりかけている農民、崩壊目前に追い込まれた農村。日本農業のみならず日本そのものの崩壊が近づいている。ここは一つ、覚悟を決め、これからの人生を講談師にかけてみようか！　まだ時間はある。

「あのう、菅野さま。ただいま調べましたが社員の中には該当者はいませんでした。申し訳ございません。間違い電話だったかと思います」

「えっ、間違い電話ですか？」

「はい、菅野さまは当社のオーディションをお受けになりましたか？」

「オーディション？　いいえ、なにも特技はありませんので」

「それではやはり間違い電話だったと思います。大変ご迷惑をお掛けしました」

「えっ、あ、えっ、そ、そうですか……」

実にあっさりと終わってしまった。

この出来事を村の百姓仲間たちとの酒飲みの場で話したら、俺のカン違いをさんざんからかわれ、酒席を大いに陽気にさせて終わったよ。せっかく農民講談師、覚悟を固めつつあったのに……。

だけどな、ま、こんな笑える話はわきに措くとして……だ。日本雇用創出機構というところの調査では、日本のフリーターの約４割が「農業に興味を持っている」と回答しているという。農の世界の価値が、ようやく見直されようとしている。

講談師もいいけれどな、彼らに応えるためにも、農を大切にする新しい地域の仕組みづくりを進めなければと思っているんだよ。

（2017年10月・第26号）

種もみの消毒を「温湯法」に

春。ようやく土が顔を出してきた。こうなると農家の気持ちも急《せ》いてくる。ニワトリを1000羽ほど飼ってはいるが、なんといっても我が家は米の生産農家だ。雪解けと同時に気持ちは高ぶり、田んぼに向かう。

まだまだ山は白く、あっちこっちの田んぼの片隅には雪が残っているのだが、それらを眺めながら、田植えに向けた農作業をスタートさせた。

作業の手始めは種もみの消毒作業だ。種もみに付着している「いもち病」「バカ苗病」などの雑菌を退治する重要な仕事で、この作業をおろそかにすれば、苗の生育にダメージを与えるだけでなく、秋の収量にも大きく影響する。そのため、多くの農家は完璧を求めて農薬を使っているが、我が家では30年ほど前からそれをやめ、薬によらない方法で行っている。

それは「温湯法」と呼ばれているやり方。もみを60℃の温度に10分間浸すだけの簡単な方法だ。60℃という温度は生卵が白く固まり、ゆで卵に変質していく温度。種にとっても危険な温度なのだが、漬け込む時間を守りさえすれば、農薬使用とほとんど同じぐらいの効果を上げることができる。さらに、このほうが農薬代がかからないし、使用後の廃液に頭を悩ますことも環境を汚すこともない。私がこの方法に改めたのは、ある事件がきっかけになっている。その事件とはこんなことだ。

「ちょっと来てみてくれ。大変なことになった」

緊張した表情で我が家を訪ねてきたのは、近所で同じコメづくりをしている優さんだった。急いで行ってみると優さんの池の鯉がすべて白い腹を上にして浮いていた。その数、およそ60匹。上流から種もみ消毒の廃液が流れてきて、池に入ったに違いないと優さんは言っていた。こんなことになるとは……。それらの鯉は、優さんが長年かけて育ててきた自慢の鯉だった。

農薬の袋には、魚に対する毒性があるので使用後の廃液は「適正に処理するように」と書いてある。農協も、河川に流さず、畑に穴を掘り、そこに浸透させるようにと呼びかけていた。でも、畑に捨てたら土が汚染し、浸透すれば地下水だって汚れかねない。土に浸透させたつもりでも、雨が降って、再び表面水となり流れ出すことだって十分考えられる。

たいがいの農家は廃液を自分の農地の下流に捨てていた。一軒の農家の下流は、もう一軒の農家の上流にあたる。そんな数珠つながりが上流から下流まで続いていた。さらにひどいことに、下流では飲み水にも利用している。種もみの殺菌効果は完璧だが、廃液をどうするか……。毎年おとずれるその処理に頭を悩ましていた。そんな中での優さんの事件だった。

そこで出合ったのが「温湯法」である。この方法を教えてくれたのは、高畠町で有機農業に取り組む友人。方法はきわめて簡単で、しかも、単なるお湯なのだから環境は汚さないし、薬代もいらない。もみのにおいを気にしなければ、使用後、お風呂にだってなってしまう。なんともいいことずくめの方法なのだ。

「へぇー、こんな方法があったんだぁ」

初めて知ったときは驚いた。いつのころから行われていたのか詳しくはわからないが、あっという間に広がっていくだろうと思っていた。もちろん俺も近所の農家に勧めてまわったのだけれど、我が集落で同調する農家はごく少数。「どうも俺には技術的な信用がないらしい」としばらくの間、あきらめていたのだが、先日、農業改良普及センター経由で山形県のうれしいニュースに出合えた。

山形県では「温湯法」で種子消毒をする面積はずいぶん増えて、全水田面積の28％に及ぶという(平成29年)。少しずつ増えているとは思っていたが、これほどまでとは。いるのですねぇ。ねばり強く環境を壊さない農法の普及に取り組んでいた方々が。久しぶりにいい気持ちにさせていただきました。

「俺もあきらめずにがんばるべぇ!」。そんな気持ちになりましたよ。

まだまだ毒性をもった膨大な量の廃液が、河川へ、海へと流れていっている。ここであきらめたら優さんの鯉に申し訳ない。

(2018年5月・第33号)

田植えを前に

田植えを前に、いよいよ忙しくなってきた。田植えは、よくニュースになったりするが、その前の準備はあまり知られていない。そこで、作業のいくつかを我が家のエピソードを交えながら紹介しよう。

コメづくりの始まりは、種もみの消毒からだ。今年は4月2日がその日だった。一般的にはまだまだ農薬による消毒を行っているけれど、俺は早くから温湯法に切り替え、農薬は使わない。きっかけは消毒後の廃液を小川に捨てた農家がいて、下流にある池の鯉が全て死んでしまうという事件があったからだ。

農協は「池に捨ててはダメだ。畑に穴を掘り、そこに捨てるように」と言っていたが、それとて地下水を汚染してしまう。鯉こそ死なないが同じことだ。それ以来、60℃のお湯に種もみを10分間浸ける方法を見つけ採用してきた。20年ぐらい前のことだ。

次は苗箱（30㎝×60㎝×2・5㎝）に均一に土を入れる作業だ。我が家では1050枚をつくる。この土入れ作業に人手が足りないのを見て、母親（97歳）が手伝ってくれるという。空箱を機械に途絶えることなく入れ続ける作業で、軽い仕事だけれど神経を使う。長年してきた仕事、さすがに勘所を知っていて動きに無駄がない。夕方の5時半、4月になったばかりの陽は多少陰りだしてきた。母親の疲れも考えて早目にやめようとしたら「百姓はここからが働き時、こんな早くにやめたら仕事にならないよ」と言う。

「疲れたかって？　そんなことはないから気にするな。まんま（ご飯）食うより楽な仕事だよ。明日も手伝うよ」

さすが大正のおなご。デイサービスには嫌がって行かないけれど、仕事だというと勢いが生まれ、いきいきしてくる。大いに助かった。

続いて種まき。発芽した種もみを土の入った苗箱に均一に蒔き、それをビニールハウスに並べる作業だ。我が家は1枚に蒔く種もみの量を130gにしている。周りの農家は180～200gを蒔くが、たくさん蒔けば苗になった時にどうしても込み合い、病気がちになる。農薬を使わない場合には、伸び伸びと育つよう薄く蒔く。健康で丈夫な苗を育てること、これが全てに優先する。このハウスの中で種が苗となり、成長しながら田植えを待つ。

一方、田んぼでは堆肥の散布が始まる。俺は化学肥料を使わず、レインボープラン堆肥と自然養鶏の醗酵鶏糞の2種類を撒いている。レインボープラン堆肥とは長井市が市民ぐるみで取り組んでいる生ごみ堆肥のことだ。

近年、田植え機械も進歩し、苗の植え込みと同時に株もとにパラパラと化学肥料を落としていく簡略化された方法が主流だが、有機農法では依然として堆肥だ。ある程度、機械化はできているが、まだまだ肉体労働の世界。筋肉がきしみ、腰が痛くなる作業だ。その後に耕耘《こううん》、水入れ、圃場を平らにする代掻《しろかき》、田植えへと続いていく。

種から苗にする作業と、これら田んぼでの作業はほぼ並行して進められていく。我が家ではこの他にも、1000羽の自然養鶏をやっているから、ニワトリたちの世話と玉子の発送、配達も重なり、まったくあわただしい。でも、よくしたもので、春は日が進むにしたがってどんどん日照時間が長くなり、今では夕方の6時半になってもまだ明るく、外での作業が可能だからありがたい。

（2016年6月・第10号）

俺は「グータラ親父」

専業農家である我が家の経営は、水田4haに自然養鶏1000羽、こんにゃく栽培、大豆生産と納豆販売……、それに自給用野菜など。十数年前までは、働き手は俺一人で、田んぼ2・5haに自然養鶏600羽。それで何とかやっていたが、そこに学校を終えた息子が帰ってきて、あれよあれよという間に規模も種類も増えてきた。

いま、息子は33歳の働き盛りとはいえ、毎日忙しく田畑を動き回っていて休む暇もない。近隣の農家のように化学肥料と農薬に依存する方法ならば、まだ時間の余裕も生まれようが、田んぼも畑も化学肥料を使わず、殺菌剤、殺虫剤も使用しない。そのため、虫だ、草だ、鶏舎にキツネがやって来た……と忙しい。

田畑やニワトリの管理はほとんど息子の担当だ。私は市内200軒のお得意さんへの玉子の配達や集金、全国各地への米の出荷と出納管理などが主な仕事。ちなみに菅野農園の作物は、米にしても玉子にしても納豆にしても、すべて直に消費者の台所に届けていて、この出荷管理もけっこう忙しい。

とはいえ、農作業で骨が折れる仕事のほとんどが息子の担当で、肉体的には楽な分野が俺となっている。もちろん、種まきや田植え、稲刈りなどの農繁期はその限りではなく俺も奮闘するのだが、日常的にはこの分担の中で働いている。

33歳の若者と66歳の父親なのだから当然じゃないかと思う向きもあろうが、村の現実を見るとそうとも言えない。というのは村の中の農家の平均年齢は67歳で、70代～80代の現役が普通に働き、ほとんど全ての仕事をこなしている。そこから見れば66歳は平均以下。年齢を理由に楽な仕事についているというのは、少なくとも村の中では説得力に欠ける。

ここには息子の「親孝行」もあるのだろう。

「それはわかるが、一緒に農作業したって、重い仕事は息子、軽い仕事は親父という分担だってできるだろうが。一緒にやればいいじゃないか」

こんな感想をお持ちの方もおいで», でしょう。そこが本編の主題ですがね。う～ん、説明しづらい話なのだけれど……。体験的にいうと、息子と父親はなるべく一緒に仕事をしない方がいいと思っているのですよ。一緒にやれば、外見的には仲の良い親子のように映りましょうが、必ずそこには意見の違い、方法の違いがあって、そのやり取りを繰り返していると感情のシコリのようなものができてくる。それが少しずつ膨らんでいくんだ。俺と親父の場合はそうだったなぁ。

俺の父は農薬や化学肥料の信奉者だった。やたら肉体を絞るだけの苦しい農作業の時代から、化学の力でようやく解放された世代なのだから、当然といえば当然だ。農村でも腰の曲がった老人を見かけなくなったのも、この力に負うところが大きい。父親の後継者となり農民となった俺は、親父のように化学を信奉できず、それ以外の方法をとろうとすると必ず父親は否定した。俺の考えややり方を信用していなかった。

「苦しかった時代になぜ戻るんだ？　頭だけ先走ってもだめだ。身体がついていかないだろう。うまくいくわけがないではないか」

ことあるごとに意見は対立したよ。俺が農業に就く前は、仲の良い親子だったと思う。出稼ぎ先をたずね、一緒に飲みに行ったりもした。それが農作業をともにするようになってからは、どんどん口をきかなくなっていった。俺の気持ちが楽になったのは完全に任せてもらえるようになってからだ。

世代は代わって、俺と息子。息子が農業を始めてしばらくしたら、ところどころで意見の違いが出るようになった。ヤバイ……。同じことを繰り返す。ここは息子に任せよう。よしんばそれで失敗したとしても、それはそれで息子の経験になるものだ。

そばにいれば口を出したくもなる。いまはできるだけ一緒に仕事をしないようにしよう。もちろん、相談を受けたならばその限りではないし、手を貸してと言われればすぐに行くのだけれど。

息子から見たら、単なるグータラ親父と映っているのかもしれないけれどな。でも、これが一番いいんだって。


（２０１６年９月・第13号）

俺の憲法

村の朝、濃いミルク色の霧が少しずつ上がってくると、そこにさまざまな色合いをもった秋の風景が顔を出す。

さわやかな青空。澄んだ空気。黄金色に輝く田んぼ。庭先の黄色い柿。赤く色づき始めたリンゴ。カラフルな秋の到来だ。こんな風景の中で、農家として暮らして来られたことがうれしい。

俺が2haほどの水田農業を継いだのは40年以上前、26歳の春だった。出稼ぎ農家から兼業農家に変わっていた父親は、すべてをお前に任せると言ってくれた。

そこで農業に就くにあたって、俺はどんな農業をやりたいのか、農民としてどう生きたいのか。まずは「憲法」を書こうと考えた。

右に左にと、大きく迷走して生きてきた俺のことだ。「憲法」がなければ自分の農業を見失ってしまうだろうし、人生だって危うくなりかねない。それを防ぐためにも指針が必要だ。

まず、「憲法」の基本理念を「楽しく働き、豊かに暮らす」と定めた。農民としての生き方をよくよく考えてみると、やっぱりここに行き着く。農業を生業《なりわい》に選んだことの意味は「楽しく働き、豊かに暮らす」ことに尽きると。

誤解のないように言っておくが、「豊かさ」とはお金のことではないぞ。その理念の上で「4つの基本」を決めて書いた。

1　自給を大切にした、暮らしていける農業
2　食の安全と環境を大切にした、やりがいのある農業
3　農的景観を大事にした、癒しのある農業
4　農家であることを家族で楽しめる農業

このように農家として生きていく基本を定めた。なんかねぇ。若いというか、このあたりはかなり理屈っぽい。

次は肝心の、どんな作物を導入するかだ。冬でも農業ができることが必要だ。雪が降ったら家族と離れて出稼ぎに行くようでは父親の世代と同じになってしまう。

ハウス栽培は？　雪や風に悩まされそうだ。シイタケやナメコなどのキノコ類は？　これもどっかジメジメしている感じでしっくりこない。民芸品づくりは？　なんかめんどくさそうだ。それに手しょうが悪い俺のできる世界ではない。いろいろ考えてみるが、これだという世界は見当たらない。どれも幸せそうに暮らしている俺の姿は想像できない。

冬でもできる農業を考える一方で、俺が求めているのは肥料の自給。家畜がいて堆肥をつくり、肥料を自給できる「有畜複合経営」だ。

どのような家畜を飼うのか。ここは米沢牛の産地だが、資金のない俺には牛舎を建て、1頭数十万もする子牛を買ってくるというのは不可能だ。豚とて同じ。豚舎に子豚、元手がかかりすぎる。目指す農業の理念と大枠を定めてはみたものの、そこから先がなかなか見えなかった。

先の見えない暗闇を照らしてくれたのは、偶然手に取った『現代農業』（農山漁村文化協会発行）という農業雑誌。そこにはニワトリを大地で飼う「自然養鶏」が紹介されていた。これなら水田との組み合わせができる。

くず米、くず野菜、田畑の草などをニワトリに。ニワトリのフンを田畑に。健康なコメと玉子、鶏肉を得るだけでなく、肥料も自給できる。鶏舎の周囲には梅や桜、スモモなどを植えよう。これらはさまざまな花を咲かせ鶏舎を飾るだろう。暑い夏にはニワトリたちに涼しい日陰をつくってくれるに違いない。その果実からお酒を造ろうか。

「自然養鶏」の玉子は市場ではなく直に町の消費者に届けよう。「通信」を書き、玉子に込めた俺の思いも伝えていく。人と人とが食べ物を通してつながっていける。一緒に地域を豊かにできる。市場に出すだけの農業では味わえない醍醐味だ。これで農業がより面白くなるに違いない。次々と発想が膨らんでいった。

あれから40年。鶏舎の周りに植えた梅や桜は大木となり、2人の子どもはニワトリたちと戯れながら大きくなった。

息子は34歳、我が家の農業を継いでくれている。今も200軒のお宅にコメや玉子を配っている。だいたい計画通り歩んでくることができたと思う。いま、改めて、来し方を振り返ってみると、ここまで俺がブレないでいられたのは、俺の「憲法」の力だったと気づく。

いま、我が家の農業の中心は息子に移っている。今度は息子が自分の「憲法」を書く番だ。息子はどんな憲法を書くのだろうか。邪魔せずに見ていたい。

（2018年11月・第39号）

コメ農家が減っていく

俺の村は山形県の穀倉地帯にあり、広々とした水田が広がっている。戸数が40戸。30年ほど前までコメの生産農家が32戸あったが、いまは9戸しか残ってない。

「あまり働くなよ。まだ作業には早いよ」

種もみ消毒の準備をしながら作業舎の掃除をしていたら、散歩途中の孫さん（69歳）が声を掛けてくれた。孫さんは残った9戸のうちの一人だ。

「腰と膝の状態が悪くてよ。歩きながら徐々に身体を慣らしてるんだ」

長年の農作業の無理がたたり、孫さんは一昨年に腰、昨年は膝と立て続けに手術をしている。耕している田んぼは1・5ha。

「昨年は5俵しかとれなかったよ。それでもコメづくりをやめてしまうよりもいいかと思ってな。飯米（自家用米）だけでもとれればいいと気楽にやっているんだ」

周辺の農家は1反（10a）あたり9～10俵の収穫を上げているが、最近の孫さんはいつも5～6俵だ。

「充分働いてきたのだもの、のんびりやればいいよ」

そう言って別れた。

作業を途中でやめて、シゲさん（77歳）の家に行ったら、シゲさんは種もみ消毒の最中だった。シゲさんの田んぼは3・5ha。奥さんと二人だが、農繁期には息子が手伝ってくれる。

「歳をとっているんで、早めに取り組もうと思ってな。若い衆のように、にわかなことはできないから」

作業舎の中にはデンと立派な田植え機械があった。昨年、壊れ、買おうか買うまいか、いっそのこと田んぼをやめてしまおうかと、さんざん悩んだ末に買ったものだ。コメの価格は、ここ10年以上は生産費よりも農協への売り渡し価格の方が安いという異常な事態が続いている。田んぼからの収入に自分の年金を足さないと田植え機械は買えない。

「これからも百姓を続けていきたくてなぁ。かぁちゃん（妻）に頭を下げて許してもらったよ」

農家にとってコメづくりは、今や経営ではないということか。年寄りはそれでいいが、新たに若い人が始められる状態ではない。

「この田植え機械は20年ぐらいもつだろうな。でも俺はあと10年ぐらいだろうから、機械の方が俺よりも長生きするなぁ」と笑っていた。

先日、70歳になる豊さんから「俺の田んぼを3反ほど買ってくれないか」と電話があった。ちょっと前なら1反で120万円はした田んぼ。去年、豊さんはその田んぼ3反を120万円で買ったばかりだ。それを今年、90万円で手放したいと言う。何があったのだろうか。

「いや、ちょっとな……」と豊さんは口を濁して語らなかったが、よくよく困ってのことだろう。何とかできないかと息子と相談したが、断らざるを得なかった。我が家にも余裕はない。

隣のケンちゃんは79歳。2～3年前、コメづくりの味覚部門で山形県1位になった。それを知って、村を離れていた息子が、元気なうちに親父のコメづくりを学びたいと帰ってきた。いまは二人で作業している。

「俺の人生はやっと折り返し点に来たばっかりよ。ここからあと半分、まだまだやる」

そう言いながらケンちゃんは入れ歯がひとつもない大きな口を開けて快活に笑う。この前向きな意欲はどこから来るのだろうか、不思議な人だ。ケンちゃんは今年から、4haの田んぼが6haに増えることになった。同じ村のサクさん(77歳)が田んぼをつくれなくなったからだが、ケンちゃんならかる〜くこなすだろう。

村の春。いろんな思いの中で田んぼの季節が始まっていく。

(2017年5月・第21号)

ほっかむりして手を振って

トイレットペーパーをめぐって行列ができ、マスクをめぐって小競り合いが始まる。コロナ騒ぎのことだ。トイレットペーパーやマスクだからこれですんでいるが、これが食料品ならばこんなことでは済まない。大きな騒動になるだろう。

でも安心するのは早い。日本の食糧自給率は37%。先進国の中では最低の数値で、日本人は胃袋の63%を外国からの輸入にゆだねている。因みにカナダの食糧自給率は264%、アメリカは130％、フランスで127％、ドイツは95％だ（農林水産省「食料需給表」等より）。爆発的な世界の人口増加により、地球規模での食糧不足を懸念する声が上がっている中、日本の食糧自給率だけが異常な低さだ。世界中で見られる異常気象や天候不順、あるいは国際情勢など、何らかの理由で外国からの輸入が途絶えてしまったら……。いのちの危機を感じざるを得ない。

平時からこんな思いを持っている中での今回のコロナだ。果たして自給率はこれでいいのか。こんな危うい国づくりをやめて、もっと基礎から考え直さなければならないのではないか。日本の食糧事情はすでに破綻している。輸入によって事実が隠されているにすぎない。俺は百姓として毎日、コメや玉子や野菜づくりに励んでいる。だからこそ、見える世界がある。そこで強く感じるのは、都会の人たちの暮らしや日本という国の危うさだ。

さて、ここから先は近未来の話ではない。実際の話だ。

この間、俺がたまたま田んぼに一人でいた時のこと。そのすぐ傍を観光バスが通った。こんな田舎道を……珍しいこともあるものだと思い、作業の手を休めて眺めていたら、バスは働いている俺の近くでスピードを緩めた。どういうわけか、バスの客のほとんどが俺を見ている。カメラを向けている人もいる。ガイドさんが俺に手を振っている。なんだろう？　知ってる人じゃないのに。俺もしょうがないから手を振り返したのだが、バスはそのまま通り過ぎていった。

俺はバスの中のこんな光景を想像した。

「みなさま、右手をご覧ください。あれが百姓でございます。日本の原風景を訪ねる旅、ようやく田んぼのなかでのどかに農作業をしている百姓と出会うことができました。最近では彼らを田んぼで見かけることがとんと少なくなっていましてね。数少なくなっているんですよ。見られてよかったですね。やっぱり田んぼには百姓ですねぇ。風情がありますよ。あっ、手を振っています。みなさん、シャッターチャンスですよぉ！」

ま、こんなとこだろうか。でね、次に観光バスを見たら、なるべく期待に応えて、汚い手ぬぐいでほっかむりしてさ、腰曲げてな、鼻水垂らして手を振ってやろうかと思ってんだよ。彼らの中の原風景にこたえてやろうと思ってな。

えっ、作り話だって？　ホントの話だよ、ホント！

俺たち百姓が絶滅危惧種となり、観光バスが来る。そこまで小農や家族農業が後退するようでは日本も終わりだ。


（２０２０年5月・第57号）

第二章　おきたまの暮らしを楽しむ

カタユキ渡り

朝、布団の中で目が覚める。

あれ？　いままでの朝とは、なんか違う。なにこれ？　あっ、春だ。春が来たんだ！

そう思える朝がある。いままでとは質的に違う朝。それが障子に映る朝日の強さなのか、部屋の空気の柔らかさなのか。それとも周りの木立から聞こえてくる小鳥たちのさえずりなのか。これが……と特定できるものは何もない。でも、確かに違う。皮膚感覚でとらえた違い、そう言った方が的確かもしれない。

3月2日の朝がまさにそうだった。

この日の後も雪の降る日があったし、零下の日もあったけど、2日を境にして確かに気候が変わってきている。それを感じた時の微妙な気持ち。肩から力がすっと抜けていくような安堵感。もう雪に悩まされずにすむ。

絶えず雪を意識し、よくも悪しくも雪を中心とした季節が終わるのだという解放感。俺の春はまさに、この「朝の感覚」からやってくる。これらは雪国に住む人々に共通の感覚なのか、あるいはまだどこかに野性を残している（かもしれない）人にのみ言える固有のものなのかはわからない。でもそんな風に春の訪れを感じ取れる時が確かにある。

冬の最中は毎日が雪降りだ。人の移動は除雪機で雪を除いているところだけに限られ、それ以外のところはまず無理。雪の中を歩こうとしても腰まで沈んでしまい、身動きが取れなくなってしまう。もちろんその上を歩くことなんてできない。だけど、春が近づいて来た3月の、ある限られた時期の朝。それができるのだ。

この地方では「カタユキ渡り」と言う。

風景はまだ冬なのだけれども、それでも暖かな日差しが多くなって来る頃、昼間の暖かさで雪が融け、水分を多く含んだ表面が夜の低温で凍りつく。朝には、さながらグラウンドの上を歩くかのように硬くなっている。想像してみてほしい。我が家の前にひろがる水田が、一面の真っ白な雪の原となっていて、どこまでも、どこまでも広がっている。

その上を縦、横、斜め、どの方向にも自由に歩くことができるのだ。周りには自分の背よりも高いものはなく、さえぎるものも何もない。ただ、まっ白な雪の原が広がっているだけ。その純白の風景の上を歩いていく……。幻想的な時間。

こんな光景も午前10時ごろで終わりだ。後はまたお日様に暖められて表面の硬さが緩んでいき、その上を歩くことはできなくなる。

カタユキ渡りの季節になったら雪がどんどん消えていく。百姓としての心が騒ぎだす。雪が融ければ一斉に農作業が始まるからだ。

田畑が相手の農業は、どんな農家も一緒のスタート。「ヨーイドン」だ。仕事の早い農家も、遅い農家もいったん冬の雪で「ふりだし」に戻り、春、また一緒にスタートできる。

だから雪は、ありがたくもある。もし雪がなかったならば……そう考えたら恐ろしい。我が家の場合、10年もすれば周りの農家から一周は遅れるだろうな。

コメづくりの最初は、苗を植える床土《とこつち》の準備から始まり、やがて種まきに入る。その種まき作業は、多くの農家では暦で言えば大安を選んでの作業となる。俺の場合はその辺はまったく関心がない。大安ならそれでよし、仏滅でもこれ以上悪い日がなく、後は良くなるばっかりだと思う方なのであまりとらわれない。

だけどそれが、失敗は許されない仕事の始まりだ。稲刈りまでのどこの工程でも、失敗したら即、暮らしの破たんにつながっていく。だからこそ昔から「大安・吉日」を選び、祈りを込めて種をまいてきた。それは俺でもよくわかる。

例年より少し早く、作業小屋で春作業に向けた片づけをしていたら、同じ農民仲間のケンちゃんとシゲさんが顔を出した。

「おっ、ずいぶん早いごとしったな。雪が降るぞぇ」とケンちゃん。

ちなみにケンちゃんは77歳。おいしい米の品評会で、いつも上位に食い込む現役の農民だ。息子夫婦が東京から戻ってきて農作業を手伝っている。

「なんかあったか？　ばぁさんの具合でも悪いのか？」とは4haを耕すシゲさん（76歳）。

「何言ってんだぁ、勤勉なだけよ」

農家の村の、いつもの春がにぎやかに始まっていく。

（2016年4月・第8号）

午睡とムクドリ

ようやく田植えは終わったけれど、2カ月ほど続いた農繁期の疲れがまだ抜け切らない。全身ぐったりしていて朝からだるい。睡眠こそ、その疲れを取る唯一のものなのだが、このところ寝不足が続いている。原因はムクドリ。

2階の屋根裏に巣を作っていて、早いときは朝の3時半ごろから動き始め、遅いときには夜の11時半ごろまで騒いでいる。

天井裏というのだろうか、板1枚隔てた上。寝ているところのちょうど真上のあたりだ。「カシャカシャ……」「トントントン……」動き回る音が不規則に続く。

2階の屋根の下の外壁にキツツキの開けた穴がある。そこから侵入し、巣を作ったらしい。ムクドリが夫婦でいるうちはまだよかったのだが、子どもが産まれたらしく、一層にぎやかになってきた。眠れたものじゃない。

ドン、ドン……と棒で天井裏を下から突っつき追い出しに掛かるものの、いっこうに出て行こうとはしない。せいぜい10分ぐらい静かになるだけだ。まだ、農繁期が続いていて疲れている。だけど、ここのところの睡眠時間は4時間ぐらいか。

不眠状態が何日か続いたある朝、ついに意を決して追い出しに掛かった。自然との共生も大事だが、無理だ！

家の構造は、どこからも天井裏に上がっていけない。仕方がないので押入れの天井板をはがしてみたが、巣を作っているところにはたどり着けないようになっていた。巣を取り除くことはできない。

それなら侵入してくる穴を塞ぐしかない。侵入口は2階の屋根のすぐ下の穴。長い梯子を掛けて、そこに布切れをギュッと詰めた。これで入ってくることはできない。

押入れの天井板をはがしたままにしておいたから、そこから天井裏に明かりが届いているはずで、中に残っている鳥は明かりを頼って部屋に降りてくるだろう。そこを捕まえればいい。これで万全だ。

昼休み、鳥のことはすっかり忘れていた。少しでも寝不足の解消をしようと2階に上がり、横になっていたら……足元で何かが動いている。ムクドリだ。10畳ほどの部屋の中とはいえ、なかなか捕まえられない。隙間から隙間に逃げ回っている。大丈夫だ。食いはしない。出て行ってもらうだけだから、貴重な睡眠時間を浪費させないでくれ。

ようやく捕まえてみたら、まだ子ども。お前か、オレの睡眠を邪魔していたのは。オレの手の中で鳴き叫び、震えている。あどけない目。二度と来ないようにコンコンと諭し、窓から放してやった。

するとどこにいたのか、2羽のムクドリがサッとやってきて合流し、3羽が寄り添うように飛んでいった。きっと親鳥だな。心配していたんだなぁ。すまいを替えて仲良く暮らしてくれ。少し申し訳なさを感じながらも、いいことをした後のような、清々しい気持ちで見送った。これでようやく眠れるぞ。

横になってウトウトしはじめたら、また足元にムクドリが……。これも捕まえ、放してやった。今度は6羽ほどのムクドリが、放たれた子どもに合流し、一緒に飛んでいった。家族と親戚が心配して来たのかな。さぞや喜んでいることだろう。よかった、よかった。さて、寝るぞ。

横になってウトウトしたら、またムクドリが……。放したら、今度も3羽ほどのムクドリが合流し……友だちかな。

さて、今度こそ眠るぞ！　そう思ったら、またムクドリが……。

よぉし、いくらなんでも、これで終りだべ。そう思っていたら、またムクドリが……。して……、またムクドリが……。

いい加減にしろ！　お前たち！　どうせ出てくるのなら一度に出て来いよな！　せっか

くの昼休みが台無しになってしまったじゃないか！

気分の良さもすっかりなくなってしまい、いらいらしたまま午後の仕事に向かった。

そんなことなので、この話からの教訓めいたことは一切なし！

ただ眠たいだけだ。


（２０１７年7月・第23号）

夏のツバメ

梅雨に入った。このところ優しい雨の日が続いている。わずかな晴れ間に、ニワトリたちは外に出る。嬉しそうだ。畑地いっぱいに広がって、仲良く草を食んでいる。ツバメが低く飛びかい、初夏の風が木々を揺らして通り過ぎて行く。

この光景がいい。時間がゆっくり流れていて、眺めている俺も次第に気持ちがおだやかになってくるのが分かる。

先日、ホタルが飛んでいた。そのホタルを見た帰り道、我が家の近くを子どものキツネが歩いていた。最近、タヌキを追い出して、新しくキツネの家族が棲みついたのだそうだ。

おだやかな気候に誘われて出てきたのだろうか。ニイニイゼミも鳴きはじめた。季節は初夏から夏に移ったんだねぇ。梅の実が色づき、落ちはじめてもいる。

夏鳥の象徴はツバメ。今年も我が家にツバメは来てくれるだろうか？

外でツバメを見かけた時から、期待に胸を膨らませていたのには、こんなわけがあった。それは2年前に遡る。

我が家の玄関のヒサシに、久しぶりにツバメが巣を作った時のことだ。やっと我が家にも来てくれた。そんな気持ちでツバメを迎えたのだが、ツバメの巣のすぐ近くに、スズメも巣を作っていた。そして、あろうことか、そのスズメは毎日やってきては、ツバメの巣作りを妨害する。

それでもツバメの巣は何とか完成し、卵を産み、ヒナに孵《かえ》すことができた。だが、スズメの襲撃はいっそうひどくなっていった。

そんなある日、ツバメのけたたましい叫び声に駆け付けてみると、ヒナが1羽残らず巣から3mほど下の床に叩き落とされていた。全て助からなかった。

ツバメの心の傷も深かろうと心配していたが、予想以上にたくましかった。今度はスズメがやってこられない玄関の内側に場所を移して新たに巣を作り、5羽のヒナを育て上げた。やがて彼らが巣を去っていく時は、いささか感動的だったよ。まるで「さよなら」をするかのように我が家の周りを何周も回り……、親鳥と子どもと家族みんなで飛んで行ったよ。その時の様子を見せてあげたかったね。妻などは眼をウルウルさせながら見送っていた。

そして昨年の春。ツバメは同じように我が家の玄関の内側に巣を作り、卵を産んだ。ところが、親ツバメが1羽、猫の部屋に引きずり込まれて冷たくなっていた。前年と違い、今度は夫婦の一方が殺されたのだ。果たして立ち直ることができるのか。単身でも卵を温め続けられるのか。そんな気持ちで見守っていたが、結局、数日間、連れ合いの帰りを待っていたツバメは、そのまま卵を温めることなくどこかへと去って行った。

あれから1年たち、近所の友人が「今年もツバメが来たよ」と教えてくれた。果たして我が家にも来てくれるだろうか？　来てほしい。そう思いながら空を眺める日が多くなった。まだ朝晩はけっこう寒かったが、いつでもツバメが入って来られるようにと野良猫防止用の柵をしながら、玄関の戸は終日開けていた。

「なんですか、これは?」と新聞配達の人は不思議そうに聞く。わけを話すと珍しい人を見るように、笑いながら改めて俺を見る。

それから20日ほどたっても、まだ我が家にツバメはやってこなかった。もうだめかもしれない。仕方ない、もう玄関の戸を閉めよう。そう思っていた日の朝、突然、玄関先からツバメに似たにぎやかな鳴き声が聞こえてきた。

「えっ、まさか！」

やっぱりツバメだった。2羽のツバメが前年の巣の近くで戯れている。来てくれたのか？　いや、まだ分からない。立ち寄っただけかもしれないし……。

それから数日間、何度も空を見あげてはツバメの姿を追った。まるで恋しい人を待つような気持ちだった。やっぱり来てくれた。

いま、5羽のヒナを育て上げ、親子が一緒に近所の空を飛んでいる。

「あれはきっと我が家にいるツバメだね」

7羽のツバメの集団を目ざとく見つけた小学5年生の孫が、嬉しそうに指をさした。

いまは、夜になると巣に戻ってくるのだが、そのうちいつかの日のように、上空を旋回しながら「さよなら」を言って飛び去る日がくるだろう。

ニワトリがいて、ホタルがいて、タヌキやキツネがいる里で暮らす、苦難に負けずに生きているツバメと、それを見て感動している田舎のジジ、ババの話でした。

（2019年8月・第48号）

山形のセミ、京都のセミ

暑い日が続いている。昼、鶏舎の戸を開け放しても、ニワトリたちは陽ざしの中に出ようとしない。出てもすぐに鶏舎に戻っていく。

「暑っ、ヤバ！」

若者言葉にすればこんな感じだろうか。そして夕方。陽が沈み、気持ちのいい風が吹く頃になると、今までの我慢を解き放つかのように草地に散らばっていく。

秋〜冬〜春にかけては玉子にコクがあり、生玉子で食べるとそのおいしさがすぐに分かる。しかし、夏。この時期の玉子はそれほどでもない。淡白だ。ニワトリたちにしてみれば、「なに言ってんだぁ！　暑さに耐えるだけで目いっぱいなのに、玉子の味まで責任持てるかい！」。そんなことかもしれない。

夏といえば、セミ。今を盛りに鳴いている。ミンミンゼミ、アブラゼミ、カナカナ……のヒグラシ。暑さの中、彼らはますます元気だ。

でも、セミの鳴き声をうるさいと思わないのはどうしてだろう。少なくとも暑さでイライラしがちな俺にとっては、とっても優しく響いて、受け入れやすいのだ。決して攻撃的ではない。

「閑《しずか》さや岩にしみ入る蟬の声」

これは松尾芭蕉が1689年に出羽の国（山形市）の立石寺《りっしゃくじ》で詠んだ句だ。

おそらくその日もセミは盛んに鳴いていたと思う。それでもそれをやかましいとは思わずに、「閑さや」としたのは、この俳人のその時の心の在り方を物語っているのだろうが、セミの鳴き声にもそれらを誘う、えもいわれぬ力があるようにも思える。さて、同じセミでも山形など東北のとはまったく異質なセミの鳴き声を聞いたのは、2年ほど前の夏のことだった。暑い京都の町を歩いていた時のこと。

ガシガシガシガシ……。

かなり大きな鳴き声が街中に響いている。これは何の鳴き声だ？　えっ、セミ？　これがセミか！　まったく風情がないではないか。ただうるさいだけだ。ガシガシガシ……。周りと協調せずにあたりを圧倒しようとする。これを聞いて、どんな俳人の豊かな感受性をもってしても、「閑さや」にはならないだろうな。

京都のセミ（クマゼミというらしい）に比べて、山形のセミは、といっても、山形に限られたものではないだろうが、どこか控え目で、哀愁さえ感じてしまう。セミの鳴き声にまで東北や山形の風土の優しさが現れているということか。

もちろん、セミと一緒に、京都に住む人まで悪く言うつもりはない。でも、あの「ガシガシガシ……」に触発されて、「そもそも京都は」とか、「彼らの文化の源泉である京都の朝廷は」とか、ひねくれた思いはついそこにいってしまうのだ。

京都は常に日本史の中心で、東北、羽前《うぜん》（山形県）などというのは、その京都に言わせれば蝦蟇《がま》の一字をもって「蝦夷《えぞ》」と呼び、蔑んできたように、人間の住むところとは考えていなかったようだ。歴代の朝廷が京都から送って来たのは征「夷」大将軍が率いる軍隊。蝦夷征伐……。そう、中世までの東北は攻めの対象、征伐の対象、征服の対象でしかなかった。侵略の末に彼らが奪っていったのは金、鉄などの鉱物資源に、馬、そして人。強制的に連れて行き、奴隷として働かせた。時には当時の中国に貢物として差し出したりしたという。

それにもかかわらず、東北、山形からは、一度たりとも京都に攻め入ったなどということはない。幕末の会津藩のように、京都を守ってやって逆に悪者にされてしまうという貧乏くじばかり引いてきた。思いがそこにつながり、ガシガシとただうるさいだけのセミの鳴き声の中に、ある種の傲慢さを感じ、さらに不愉快になってしまう。こんなことを感じるのは東北、山形の中でも俺ぐらいのものだろうか。

ところで、山岳信仰ではセミはあの世とこの世をつなぐ使者と言われている。その山岳信仰と合わせて先の芭蕉の「閑さや」の句を詠みとることが大事だ、と聞いたことがあった。セミの鳴き声をあの世からのメッセージと捉えると、句の深い意味合いに、より触れるような気がするね。

今年のセミの声は心なしか静かで、少ないように感じる。それはどんな、あの世からのメッセージなのだろう。お盆は、その辺のところをゆっくり考えてみるにふさわしい。

（２０１９年9月・第49号）

田んぼとトンボと熊の関係

稲刈りを最後に、今年の田んぼ仕事は終わった。

今年は雨にたたられた最悪の穫り入れだった。田んぼ全体がぬかるんで、コンバインが入れない。入ってもキャタピラーが泥に沈んで動きが取れない。あっちこっちで機械が壊れたという話を聞いた。田んぼが乾いていればそんなことはほとんどないのだが、気候の悪さがそうさせる。

そんな稲刈り作業の中、いつもならば秋空一面に広がって飛んでいるトンボがいないことに気づいた。いや、実は数年前から少なくはなっていた。でも、今年ほどその姿が見えない年はなかった。どうしたのだろう？

赤トンボなど、そのほとんどは田んぼから生まれると聞いていた。トンボは益虫だ。トンボになる前はヤゴとして、苗の根っこ周辺の害虫を食べてくれ、トンボになってからは、ウンカなどの害虫を食べ、稲の実りを守ってくれる。田んぼの実りを守るトンボ、トンボが暮らす豊かな田んぼ。このような相互依存の関係にあるのだろう。田んぼとトンボ……。この名前が似ているのも、決して偶然ではないように思える。

だけどいなくなった。水田が彼らの生息にそぐわない環境に変わってきているということだろうか。

「いまごろ、何を言っているんだい。俺は数年前から気づいていたよ」

百姓仲間の隣町のフミさんがそう言いながら話を続けた。

「カエルも、俺の田んぼに長年棲んでいたカブトエビだって、いなくなった。それに、スズメが極端に少なくなったし、ツバメもそうだ。それら全部が関係していると俺はにらんでいるんだ」

彼が言うのはこうだ。近年、水田経営に規模拡大の流れがつくられ、併せて田んぼ作業の省力化が進められてきた。当然、農薬や化学肥料依存の作業体系なのだが、そんな中に、田植え前の苗箱の段階で、肥料、殺菌剤、殺虫剤、除草剤などをいっぺんに撒いてしまう農法が広がってきている。そこで使う農薬が問題なのだそうだ。わが家では、殺菌剤、殺虫剤は使用しないため、何という農薬だったのかは忘れてしまったが……。虫全般がいなくなり、その虫を食べていた小鳥もいなくなってしまった。そんな話だった。

農薬一般は生態系に作用し、それを一部破壊する効果を持っているわけだから、散布した水田に生息しているトンボが影響を受けないわけがない。使われたのはきっと強い農薬なのだろう。

ある日、訪ねてきた秋田で自然保護の運動をしている知人にトンボのことを聞いてみた。

「トンボがいなくなったことで、熊が里に下りてくるようになったよ」

えっ、トンボと熊の出現の間にどんな関係があるんだい？　身を乗り出して聞いた。

「最近、どこに行ってもナラ枯れの山が目立つだろう？　それと関係があるんだよ。トンボは田んぼで生まれ、夏にいったん山に向かい、山で暮らす。秋になると田んぼに戻ってくるのだが、山ではナラ枯れをつくりだしていた害虫を盛んに食べてくれていた。だけれど、トンボがいなくなったことでその害虫が大発生した」

全国で蔓延しつつある「ナラ枯れ」はカシノナガキクイムシという害虫が、ナラ菌を伝播することによって起こる樹木の伝染病なのだそうだ。トンボがいなくなったことでその害虫が増え、ナラが枯れ、その結果として熊の食べ物であるどんぐりが少なくなって、餌を求めて熊が里に下りてくるようになったということだ。

「へーっ。ナラ枯れは、極相《きょくそう》に達した森が、虫の力を借りて起こした若返りの作用なのだと思っていたよ」

「そんなロマンチックな話ではないよ。すべては田んぼの農薬が引き起こしたものだ」

水田の生態系の傷が、水田の枠を越え、森に届けられ、ナラ枯れを引き起こして、熊の出現に至る。今年も果樹や畑の作物が熊にやられ、人が襲われもしたが、みんなつながっていたということだ。

赤トンボが飛ぶ秋の田園風景は、日本の原風景といってもいい。それを取り戻すとしたら、田んぼから始めるしかない。それは可能だ。農民とても、そんな農薬は使いたくはないのだから。

（2016年12月・第16号）

雪の下の土のつぶやき

あたりは雪、ゆき、雪のまっ白な世界。家や庭木、畑に水田、連なる山々など見渡せる風景のすべてが純白の雪で覆われている。

今は深夜。ガラス窓の向こうは厳しい零下だ。白と暗闇との幻想的な世界が広がっている。雪は音を吸いこみ、周囲はシンとした、どんな音もしない静寂の世界。

こんな夜にはよく雪女が現れる。

窓の向こうの雪明かりの上を右から左にスーッと、白い和服をまとっただけの雪女が通り過ぎていく。

そんな時、「寒いだろうな。暖まっていけよ」なんて声を掛け、決して部屋の中に誘ったりしてはいけない。そんなことをしたら、明日の朝、俺は凍った姿で発見されるに違いないのだから。そりゃ、幸せそうな顔をしているかもしれないが……。

里の野山も厚い真綿のような雪の下。かつて盛んに鳴いていたカエルやヒバリ、コオロギの声はおろか、人々の話し声すらしない広い雪原。この静寂の世界の中で、田んぼの土たちもゆっくりと疲れを癒し、眠りにつく。そんな田んぼの土たちの、まどろみの中の独り言に耳を傾けてみよう。

――春、私の中からたくさんのカエルが顔を出し、恋をした。やがて卵を産み、多くの子どもたちが育っていった。夏になればホタルたち。私の上をたくさんのホタルたちが舞っていたっけ。夏から秋はトンボ。田んぼの土からたくさんのヤゴたちが産まれ、やがて無数のトンボとなって飛び回っていたよ。そういえば肉食の彼らはいつも腹ペコで、水中にいる時も小さな虫たちを食べていた。やがて彼らは稲の茎伝いに水中から離れ、脱皮した殻を茎に残して空中に飛び立った。それ以来、晩秋まで私の上を舞っていたよ。

うん、秋はさらにイナゴが出てくるからね。それはにぎやかだった。変わったものではドジョウや小鮒も来た。彼らも私のところで食事をし、成長すると、またそれぞれの世界に元気に泳いで行った。

私の中で育つものたちを私は決して差別はしない。農家は雑草と言って嫌うが、クログワイ、ヒエ、ホタルイ、オモダカ草など、たくさんの種類の植物たちも稲と分け隔てなく育ててきた。すべてのいのちに平等であること。これは土である私の基本だ。

でね、農家は稲を刈り取った後、たくさんの稲の茎や葉を田んぼに残して行くが、それらを産まれた元の土に再び戻してあげることも、私の大切な仕事なんだ。稲だけでなく他のたくさんの植物も。その点ではトンボやカエルやイナゴなども同じだよ。つまり、私の周りにいたすべての生き物たちがその役割を終えて土に還っていく。その工程を優しく進めていくことも私の役割だ。

土の中では茎は茎でなくなり、葉は葉ではなくなっていく。トンボもイナゴも……、1年でその命を閉じるモノたちは、ことごとく元の姿を留めず、溶けるように土に還っていく。新しい土となっていく。

だけど、決してそれで終わりなのではない。それらは新しいいのちを育む舞台をつくり、次のいのちに活かされ、つながっていくのだから。たとえば、今年のトンボが土の中の養分となって翌年の稲に活かされ、昨年亡くなったドジョウが今年芽をだしたオモダカ草に活かされ、同じように前年のイナゴが養分となって今年植え込まれた稲の苗を育てていく。

いのちといのちが形を変え、土を通してつながっていく。
白いお米をパキッと割って、そっと耳元に持っていってごらん。カエルの声やトンボの羽音が聞こえるかもしれないよ。それはきっとお米の中に活かされた彼らの発する音に違いない——。

純白の雪に覆われた田んぼ。野山の木々や草々がそうであるように、田んぼの土もまた、雪の下でゆっくりと眠りについている。静かにしよう！　決して彼らを起こしてはいけない。休ませてあげよう。春になれば、また無数のいのちを育てる新しい季節が始まるのだから。

雪女がやってくる冬の夜。どんな物音もしない静寂の世界。それは土が深い眠りについている時だ。雪女……そう、彼女は土の深い眠りを守る、いのちの世界からの使者なのかもしれない。

（2016年2月・第6号）

冬の「ひきずりうどん」

山形の冬の食べ物と言えば、なんといっても「ひきずりうどん」！　冬の郷土食のど真ん中にこれがある。さむ〜い晩には堪えられない。昔から食べられてきた田舎料理の一つだ。同じ山形でも「ひっぱりうどん」と言う地域もあるが中身は一緒。言ってみたら納豆を絡めて食べるうどんのことだ。家族みんなで熱い鍋を囲み、フーフー言いながら、ズルズルと食べる。

えっ、そんなものがおいしいのかって？　それが郷土食かって？　それを料理と言うのかって？　ま、お笑いくださるな。これが旨いのなんのって！　食べた者にしかわからないんだよなぁ。

作り方はとても簡単だ。うどんを茹でる。茹で上がったなら鍋ごとそのままテーブルへ。あらかじめといてあった醤油と納豆の小どんぶりにうどんをすくい、納豆を絡めてズルズルッと食べる。これだけだ。

簡単で確かに料理ともいえない料理だけれど、そこにもうまく食べるコツがある。まずは器の大きさだが、あまり大きくないほうがいい。ラーメンどんぶりの大きさでは納豆たちが拡散する。それよりも少し小さめのほうがいいだろう。次は納豆の量だ。俺の場合なら最低でも100gは欲しいところだね。少ないとおいしくない。それを醬油でとくが、味醬油（だし入り醬油）でもかまわない。そこは好みだ。で、醬油だけなら水分が足りず、うどんに絡まないので、多少の水またはお湯が必要かもしれない。

味付け程度にサバ缶を入れればさらにおいしくなるね。缶詰に入っている汁を水分代わりに入れたら、もっと味が濃くなり、旨くなること請け合いだ。お好みでネギを入れ、充分にかき回して、さぁ、用意ができた。アツアツのうどんをどんぶりにすくおう！

一箸の量は少しずつのほうがいいし、水分を充分に切りながらどんぶりに運んだ方がいい。その方が納豆は絡みやすいし、そうしないとせっかくの納豆がすぐに水っぽくなってしまう。

これらのやり方を守って口に運べば、なぜこれが冬の山形の郷土食になってきたかが、すぐにおわかりいただけるだろうと思う。

さて、そのひきずりうどんだが、俺にはこんな青春の出来事があった――。

「菅野を見習え。彼は大変な窮乏生活に耐えている」

一緒に仕事をしていた同僚は、周りの若い人たちにこう言った。職場の小さな炊事場でお湯が沸いている。そばには俺とうどんの束と納豆が一つ。

20代の頃、俺は小さな労働組合の専従のような仕事をしていた。給料は安く、正義感と情熱だけで暮らしているような毎日。いつもお金がない。

近くの食堂には「がんばる丼」だったか、「まけない丼」だったか、正確な名前は忘れたけれど、切なくなるような名前のメニューがあった。零細な企業が多い地域。金のない青年たちはほかにもたくさんいたのだろう。ご飯の上にかつお節とキャベツを炒めたものがのっかっているだけの、安さだけがとりえのどんぶり。その大盛りが俺の定食だった。

さらに腹が減ると、うどんと納豆の食事となる。茹でたてのうどんをすくい、納豆をからませてズルズルといく。お金もかからず満腹になるし、言うまでもなくこれは俺の大好物。言うことなしだった。

好きで食っているわけで、少なくとも同情されたり、褒められたりするようなものではない。それを知らない同僚が俺を見習えという。よっぽどひどい食事に見えたのだろう。

「違うんですよ」

はっきりそう言えばよかったのだけど、せっかくの同僚の顔をつぶしたくはなかったし、俺もいい子になってみたい年頃でもあってね、ただ黙ってうどんを茹でていた。

それから40年。今は山形県に帰って百姓の毎日だが、やっぱり今年の冬もひきずりうどんを食べている。

ところで、暖かくなるにしたがってその季節が終わっていくのだが、昨年、急に思いついて、真夏に作って食べてみた。さすがにその時は茹でたてのうどんではなく、冷やしたそうめんだったのだが、細いそうめんに納豆のうまさが細かく絡んで、冬のうどんとは違う味わいがあった。

「ひきずりうどん」に「ひきずりそうめん」。山形の食文化に、ぜひ挑戦してみてほしい。

（２０１７年４月・第20号）

おきたまの方言

若い頃、俺はわずか半年の間だったけれど、沖縄の与那城村（現・うるま市）に住んでいた。そこで時々サトウキビ刈りを手伝い、お茶の時間などに農家の人たちとおしゃべりを楽しむことが多かったのだが、さっぱり言葉がわからない。俺には気を使って日本語で話し掛けてくれるのだが、現地の農民同士の会話はまったくわからない。これはすでに日本語の範疇《はんちゅう》を超えている。そう思えるほどだった。

例えば「ワンネ、ナマカラハルンカイイチュンドォ」とか「ヤイビーンドォ」とかの意味はわかるだろうか？　この言葉から日本語を推測することは難しい。意味は「私は、今から畑に行きますよ」「そうだよ」。こんな言葉の連続だった。

当時のラジオからは方言ニュースが流れ、ほかにも「カタヤビラ島唄」などの方言番組があって、沖縄の言葉や文化を守ろうとする沖縄人《ウチナンチュウ》の誇り、意欲を強く感じ、うれしくもうらやましくも思ったことを覚えている。

やがて、山形県に帰ってきて農民となったが、方言を守ろうとする運動はここにはなかった。方言ニュースもない。「カタヤビラ島唄」に代わる「語り合おうよ山形民謡」などという番組もない。沖縄のように沖縄口《ウチナァーグチ》を使った人には「方言札」を首から下げさせられたなどというかつての「同化政策」のようなものは山形にはなかったのだけれど、少なくとも方言を誇りに思うという風土はなかったと思う。

例えば山形県の人は訛《なま》っていることを恥じている。長い間、東北の方言が「ズーズー弁」として侮られてきた歴史がそうさせるのだろうか。言葉への侮りは東北への侮りと一対のこと。テレビを見る限りは大阪の人たちには大阪訛りを恥としている様子は見られない。実に生き生きと方言を話している。我々もそうありたいと思うのだ。

やがて孫たちは侮りをはね返し、誇りある置賜人として置賜弁、ズーズー弁を自由に駆使しながら堂々と東京人や大阪人と渡り合っていく、そんな時代が来ることを願っている。

さて、そんな置賜弁の代表格は「おしょうしな」という言葉だ。意味は「ありがとう」。これと似ている言葉に「しょうしい」がある。「恥ずかしい」という意味だ。私は言語学者ではないから詳しいことはわからないが、「おしょうしな」という感謝の中に「しょうしい」(恥ずかしい)の言葉が含まれていることに興味を引かれる。置賜人の奥ゆかしさか。

語尾に「……し」を付ければ丁寧な言葉になるというのも面白い。「おしょうしなっし」は「ありがとうございます」となる。外からやって来た友人が「どうも」という軽い言葉も「どうもっし」と言うことで重い会議のあいさつの中でも使える言葉になることを知って驚いたと言う。

この「し」は、置賜地方固有のものかと思っていたが、後でお隣の福島県会津地方でも使っていることを知った。とすれば関ヶ原で負けた上杉が会津120万石から米沢藩30万石になって引っ越してきたことに由来するのかもしれない。

東京から引っ越して来た友人が土地の人から「どこからござったなやっしぃ?」と聞かれ、江戸時代に戻ったのかと思ったという話も聞いた。その友人が「東京から」と応えたところ、質問したお年寄りから「もごさえごどなぁ」と言われたので、「偉いねぇ」という意味かと思ってニコニコしていたら後で「かわいそうだなぁ」という意味だと知って驚いたと言っていた。

ほかにもまだたくさんある。「降りろ」を「落ちろ」という。「バスから早く落ちろ」。「早くしろ」を「わらわらしろ」という。「持ってください」を「たがってけろ」という、「池(川)に落ちて水浸しになること」を「かぶだれくった」という。

これらはほんの一部だけど、そこにまた「ずかんあっか」と聞かれた友人が図鑑かと思い、「植物ですか? 動物ですか?」と尋ねたところ、「時間」のことだったという訛りの世界が重なる。置賜には空港も高速道路もない。言葉も含め、だからこその独特な世界。峠の向こうのもう一つの日本。これにどっぷりと浸かってみるのも面白いですぞ。

（2017年8月・第24号）

水にまつわる暮らしの知恵

水と人々の関わりは長い。そもそも人は水が無ければ生きていけないのだから、暮らしそのものが水との関わりそのものだといっていい。全国各地、人々の暮らしのあるところには必ず水にまつわるたくさんの伝承や暮らしの智恵があるはずだ。それは俺の住む長井とて同じ。

ついこの間まで、といっても50年ほど前までのことだが、田畑だけでなく、人々の暮らしもすべては山から流れてくる自然の水に依存していた。暮らしの水は川から小川、小川から水路を経て、それぞれの家屋の中の台所に導かれる。家屋の近くを流れる小川の水を桶に汲み取り、台所に運ぶというのはよくあるが、ここで言うのはそうではない。

ここが肝心だからもう一度強調するが、家屋の中の台所にある水槽に水を引き入れてくるのだ。その場を「流し場」あるいは「流し」と言っていた。その流しの水で炊事、洗濯、風呂、掃除を行い、使い終わった後は屋敷の池を通って水路に戻されていく。その池にはたいがい鯉が飼われていて、排水の中にご飯粒などの食べ物の残りがあったとしても、鯉がそれを食べてくれる。ちなみにその鯉はやがて食卓にあげられていくのだが、食卓と池とにはそんな循環があった。

さて、池で滞留していた水は、そこでいったん浄化され、水路を通って元の小川に戻されていく。小川に戻った水は再び水路に導かれ、下流の家屋の中の台所にある水槽に入り、「流し」の水となっていくというわけだ。

このように、水によってつながっている暮らしがあった。化学物質などのない時代だ。「三尺流れれば水清し」ということわざがあるが、少し汚れた水を下流に流したとしても、川の自浄作用できれいになることを喩《たと》えたものだ。俺も小さい頃は「流し」に入ってくる水を疑うことなくそのまま手酌で飲んでいた。川から我が家までの間、上流には3戸の農家があったけれど、決して水への信頼を疑うことはなかった。信頼でつながっている水の共同利用とも言える関係が、村の中で生きていた。

「小川のそばでおしっこしたら、おちんちんが曲がってしまうぞ」

子どもの頃、よくこんな話を大人たちから聞かされてきた。その頃のことだが、カエルの上からオシッコをかけ、逃げるカエルの動きに合わせている内に、オシッコが小川の中に入ってしまったことがあった。

「あっ、おちんちんが曲がってしまう」

子どもも心に大いに心配し、近所の大日如来像が祀ってある社に、もう二度としないから俺のおちんちんを助けてくれるようお願いに行ったことがあった。その後、そのご加護があったせいなのか、おちんちんに異常はなく今日まで来ることができたが、子どもがそう思うほどに、水への注意が行き届いていた。

まちでもそれは同じだ。まちの中に入ってみると縦横無尽に水路が張り巡らされている。そして、やっぱり流しがあって、池があって、水路があって、川に戻されていくそんな仕組みが通っていた。まちの子どもたちも、きっとおちんちんの話を聞きながら育ったのだろう。

最近のことだけど、同じ長井市内の江戸期の豪商屋敷を見学する機会があった。案内人は屋敷の中にめぐらされている水路を指さしこう解説してくれた。ほぼ直角に近い角度で向きを変えている所だ。

「よく見てください。水の流れを変えるにあたって、その角度は90度よりも鋭角につくられている。それは何故だと思いますか？　渦をつくるためです」

水は確かに、角度のついたところで渦を巻いて流れている。その渦が隅に土砂やごみが溜まるのを防いでいるのだという。へぇー、すごい智恵があったものだと素直に驚いた。

やがて水道が普及し、自然水への依存度は減ってはいるが、人々の水の共同利用は今も変わらずに続いている。

長井のまちなかを流れる川には、たいがい梅花藻《ばいかも》が繁殖している。多くの県で絶滅危惧種となっている植物だ。清流にだけ繁殖するのだという。この梅花藻の繁殖こそ、水と暮らしとの仲の良い関係を築いてきた長井市民への、自然が与えてくれたご褒美なのだと思っている。


（2016年8月・第12号）

体形について考えた

190㎝で107㎏は大きな身体ではある。でも、やっぱり太りすぎだろうなぁ。

この間は階段を上り下りする観光地に行く機会があった。

ツラかったねぇ。その階段を年配者から子どもたちまでスイスイ上って行く。若い女性たちは楽しそうに談笑しながら上って行くのだ。俺はといえば談笑なんてとんでもない。ハァハァ、ゼイゼイと必死の思いで上っている。同伴者たちが時々立ち止まっては俺を待ち、大丈夫ですか?と気遣ってくれるのだから情けない。

日ごろ、この大男を頼もしそうに見ていてくれていた連中の目は、もうすっかり変わってしまっていた。さぞがっかりしたのだろう。

この間の夜などは「寝返りを打っても決してこっちには来るな」ときつく女房に言われた。俺の身体が彼女の足にでも上がったら骨折してしまうのではないかという恐怖感で熟睡できないのだそうだ。

体形が持つ説得力というのがある。太った人間がたとえ理想を説いたとしてもあまり説得力があるようには思えない。もしキリストがデブだったなら、あれほどの信者を集めることはできなかっただろうな。

「我々に教えを説く前に自分の体重管理をちゃんとやれよな」

そんな視線が周囲に満ちていて、語る前から破たんしてしまっていただろう。そう考えると、俺は決して預言者ではないし、ありがたい教えを語る立場にはないけれど、少なくとも自分の「来し方行く末」を仲間たちに語る場合においてすら、スリムになることが求められているように思うのだ。

だらしない身体。それだけですでに求心力を失っているにもかかわらず、酔ったりすると、身の程知らずにも「自分の人生へのこだわり」を他人に語って聞かせようとする間抜けな男。それがいまの俺なのだと思ったりもする。

「そう考えているのならば痩せればいいじゃないか。それだけのことなのに何をグダグダ言っているんだよ」

誰しもがそう思うだろうが、それが難しい。なかなか痩せることができないでいる。こうしたら痩せる、ああしたら痩せた……。世の中にはその成功例に満ちているのだけれど、そのたびに何度もそれを見習おうとしてもきたのだけれど……失敗の連続だった。

「身をこがすような恋をすればテキメンだよ、きっと。アンタの人生、ときめきと感動が足りんのダヨ」

こう言う女友だちもいたけれど、恋なんてするもんじゃなく、落ちてしまうもので、60歳を超えたおじさんにはなかなかそんなロマンチックな話はない。

「体形と志の乖離《かいり》を何とかするんだぁ」

そう周りに宣言しながら、逃げ場のない状態に自分を追いやり、幾度もダイエットに挑戦してみたけれど、もうほとほと自分に自信がなくなってしまっている。

山形で百姓していると、コメの安さや、原発やTPPやで、ただでさえうっとうしいのに、さらにデブとの闘いもしなければならないせいだろうか。最近、疲れることも多くなったしなぁ。

何がいけないのか……。そんなに大食いではないのだけれど……。酒？　確かにお酒は飲む。ほぼ毎晩、ビールやお酒は欠かさない。これだろうか？　もし、これだとすれば問題は深刻だ。あれやこれやとあわただしい暮らしのONとOFF。その切り替えを図る大事な装置だし、俺にとっては何よりの楽しみでもあるのだから。

そうか、酒か。66歳の大男。煙草もギャンブルも◯◯もやらず、ここまで来たのだから、これぐらいは飲んで楽しみたい。これをやめたならなんの人生かとも思うんだ。

よ～し、決めた。この腹のでっぱりと一生付き合ってやろう。誰かに迷惑をかけているわけではない。自分のカッコ悪さに耐えればいいだけのことだ。階段の上りが遅くなり、かわいそうにという目にさらされても、開き直ればいいだけの話だ。

そういえばもうじき稲刈りが始まる。1日の仕事の終わりにグッと飲み干すビールがたまらない。余分なことは一切考えずにビールを味わおう。そう割り切れば身体がスッと楽になった。

（2016年10月・第14号）

許してやろうよ

秋だ。紅葉が美しい。山に入れば、人間の想像をはるかに超える美しさに出会うことができる。誰かがこれを「神の芸術」と言ったが、そう思えるほどの光景が広がっている。目を山々から里に移せば、そこにも、橙色に熟れた柿や真っ赤なリンゴがぶら下がっていて、実にカラフルだ。だが、季節がもう少し進めば、やがてこれらはくすみ、すべてが白い雪に覆われてモノクロの世界に移っていく。その一瞬前の鮮やかさ、滅びの前の美しさ。だからこそ人々が惹かれるのだろうか。秋が好きだという人は多い。

春、夏、秋、冬にはそれぞれに見合った色があるという。春は青春で青、夏は朱夏で赤、秋は白秋で白、冬は玄冬で黒。この歳になったので、俺は色にたとえるなら玄冬で黒。黒と言えば聞こえが悪いけど、熟達した職人を「玄人《くろうと》」ということを考えれば、人生の玄人ということか。俺には似合わないけれど。

11月1～3日に地元の村の文化祭があった。俺は文化振興会の委員として、後片づけに駆り出された。看板を元あった所に運ぶ仕事だ。何度か往復しているうちに、疲れてだんだん足腰が重くなってきた。最近はパソコンに向かってばかりだったからなぁ。体力が落ちたんだ。

そう思いながら、大きな鏡の前を通ったので、久しぶりに自分の全身を見るともなしに眺めてみると……。「なんだ、これ！　この腹！　この尻！」

一番衝撃的だったのは腰と膝。足がまっすぐに伸びてない。くの字に曲がったままで歩いている。腰も伸びてない。鏡に映っていたのは、変形した身体《からだ》の、まぎれもなく初老の男。俺だ！

我が家にも鏡がないわけではない。でもそれは、ひげを剃ったり髪をとかしたりする時のもので、上半身しか映らない。今まで身体の一部しか見ていなかったということだ。こんなに腹が出ていて、こんなに膝が曲がっていて、こんなに不恰好だったとは……。現実を知らなかった。身長が１９０㎝でも……いや、だからこそ不格好が一層際立つ。実に情けない。

以前から、腹の出具合や膝に対して、周囲からの労わりの声がないわけではなかったが、ありがとうと軽く受け流していただけだった。まさか、ここまでとは……。

「菅野さんは背が高いから、そのぐらい体重があってもいいんだよ」とか、「腹は目立たないよ」とか、「そのぐらいの膝の曲がりは俺にだって」とか、「腰だって気にならないよ」とか……。そんな慰めをたくさん聞いた。悔しいのは俺がそれを真に受けていたことだ。そんな甘言に自分を見失っていたことだ。うるせい！　だまれ！　まどわすんじゃねぇ！　こう言って、自分を叩き直せばよかった。俺が馬鹿だった。よおし、明日からストレッチだ！　ウォーキングだ！

本気でそう思った。だけどな。それとは違った別な声が自分の中から聞こえてきたよ。

「いいじゃないか。これで」

落ち着いて考えてみれば、こんな身体の変形は農民としてよく働いてきた証でもある。

実際、俺の腰や膝は、痛みに耐えてよく頑張ってきたと思う。50代の終わりには腰が叫び声をあげ、ギブアップ。そして脊柱管狭窄症の手術。医者は「長年、無理を重ねてきたからでしょう。再発もありますので無理はしないように」と言ってくれたが、それでもやらなければならない仕事は山ほどあり、労わりながらも無理を重ねてきた。

その結果の体軀の変形。それは決して恥ずべきことではない。それどころか誇るべきことなのかもしれない。モノは考えようだ。

自分の中の声はさらに言う。

「よくやってきたと思うよ。自分の身体を誉めてやろう。腹の出具合も足の曲がり具合も、許してやろう。そしてこれ以上自分を傷つけるのはやめよう。足が曲がってようが、腰が伸びてなかろうがいいじゃないか」

自分に若い時のモノサシを当てはめ、叱咤するのはもう終わり。玄冬に差し掛かった人生だ。それなら人生の玄人として、今まで培ってきたモノの見方、考え方を若い人に伝えていこう。そして自分の求めてきた道を自信をもって歩いていけ。腰を曲げながら……な。

（2020年12月・第64号）

捨てられない

野も山も見渡す限り白一色の世界。寒い雪降りの日々、しんしんと静かに雪だけが積もってゆく。そんな夜には、そろそろ雪女が出てくるな、そう思って待っていてもおかしくはない。

雪と寒村と静けさと……、現実の世界の中に民話の世界が溶け込んでいるような、そんな幻想的な風景が広がっている。

さて、話は大きく変わる。

昨年の暮れに結構な時間をかけて衣類の整理を行った。でも誤解しないでほしい。俺はそんな衣装持ちではない。眠っていた服の中には外出にも着ていけそうなものもあるが、そのほとんどは古くなったもの、色落ちしたもの、シミができたものだ。それを捨てずにしまい込んでいるのだ。

それというのも、その種の衣服は農作業用に回せばまだまだ使えると思うからで、洗っても落ちない油じみなども、それだけならば作業着としてまったく問題がない。破れて役に立たなくなるまで、まだまだ使い続けることができる。こんなふうに考えると、捨てるものなどはほとんどなくなってしまうのだ。宝の山だとは言わないが、すべてがまだまだ役に立つ。

そんな衣服をもう一度選び直し、使うときのために備え、再び段ボールに詰めた。

靴下もそうだ。片一方に穴が開いてもまだ使える。捨てることはない。穴の開いてないもの同士を新しく組み合わせる。もちろん模様は違うが、どうということはない。作業用として靴下の役に立てばいいだけのことなのだから。作業靴や長靴にも同じことが言える。両足がきちんと揃っていなくてもかまわない。

「あれ、菅野さん、新しいファッションですか？」

違う模様の長靴を履いたまま町に出たときなど、こんな声をかけられたりもする。そうか、ファッションになるか！　確かに人目を引くようだ。だったら初めから個性的なファッションということにして、別々に組んでみるのもいいかな。

なんでも修繕しながらギリギリまで使う。そんな俺でも悩むものもある。

困るのが下着。我が家では漂白剤が入っている洗剤は使わない。そのために下着は比較的短い間に見た目が変化し、真っ白ではなくなっていく。もちろん下着の機能は保たれているし、清潔なのだが、これを捨てるべきか否か、いつも悩む。

俺だって農作業から離れ、町に出ていくときはシミのない上着やズボンをはいて行くし、さすがに左右の違う靴下ははかない。そして少しは新しいものを買ったりする。だから古いものが少しずつたまってゆくことになる。それらもいつかは捨てなければならない時が来るのだが……。

捨てる時期に悩むのは衣類に限ったことではない。手にしたもの全般に言えることだ。断捨離という考え方もあるらしいが、俺にはわからない。

いったん買ったのであれば、後は買わずに使い切ればいい。そして補充しないことだ。そうすれば自然にものが減ってゆく。まだ使えるのにあえて捨てるなんてとんでもないこと。そう思うのは俺だけではない。少なくとも農村ではどこの家でもこのように暮らしてきた。

こんな考え方の底流にあるのは貧しさだ。ものが自由に買えなかった時代の暮らし方だ。いったん買い求めたものを、いつまでも大切にする暮らし方。

こうした考えは、いまの「使い捨ての時代」から見れば古いと言われるだろうか。だが、かっこよくいえば、不足が働く意欲を育て、自分を育ててきたと思っている。

近年、大企業の社長の年収が数十億だとか、資産家の息子か娘がどうしたこうしたと言っている話も耳にするが、金銭的豊かさは人を育てない。

過剰な資産は子々孫々にわたっておバカさんをつくるだけだ。不幸をつくるだけだ。「児孫《じそん》のために美田を買わず」と名言を残した西郷隆盛さんではないけれど、もしそんな資産があったなら、苦しんでいる人たちに分ければいい。

その結果として、資産家の子息が貧乏になり、我々農家のように、いつか使う日のことを考えて、段ボールに古い作業服をためだしたとしたら、それはまともな道に立ち返れたということではないか。めでたし、めでたしということだと思っている。

（2019年2月・第42号）

哲学してんだ

村の秋はカラフルだ。紅葉するモミジやドウタン、桜などの木々に、柿やリンゴの実の数々。いつまでも立ち止まって眺めていたい。里の秋はそんな光景にあふれている。

ぶら下がっているリンゴの下をくぐり我が家の畑に行ってみると、大根はすでに人参の大きさぐらいに成長していた。大根は冬の代表的な作物で、寒くならないと大きくはなれない。それは白菜も同じで、やはり寒さの中で成長する。すでに葉が硬くなり始めていた。

「虫が取り切れないよ。虫食い痕は仕方ないけど、白菜を切ったら、中から虫が出てくるなんていうこともあるだろうな」と家人が言う。冬が来る前に食べてエネルギーを蓄えようと、虫たちも必死だ。

その傍で同じく成長しているのは「くきたち菜」。春を告げる野菜だ。これは大根や白菜と同じころに種を蒔き、来年の雪解けとともに食べる。ともに畑一杯にきれいな緑のじゅうたんを敷いたように成長している。

庭木の雪囲いも進んでいる。当地は1・5mほどの積雪地帯。雪が降る前は、枝を雪害から守る作業も忙しい。

カラフルな秋。それは同時に、冬を前にした慌ただしい作業の日々でもある。

とまぁ、こんな感じで書けば、読む方は美しい風景を想像するに違いない。山里の深まりゆく秋。冬を前に忙しく働く農民たち……。確かにこの光景は美しいのだが、その渦中にいる百姓の立場、それも決して若くはない俺の立ち位置から言えば、また違う風景が展開する。その世界、悪くはないが美しくもない。これはただ外から見ていたのでは、まず分かるまい。いや、なに、たいした話ではないけどね。

寒くなりましたねぇ。

外で冬野菜の世話をしていますと思わず鼻水などがタラァーッと出てまいります。ズーズーッとすするのもなんですから、鼻息強くヒッと手鼻をかむ……、すると鼻水は霧状になって畑に飛んでいきますぞ。決して手にかかったりはしません。その辺は熟練ですねぇ。慣れたもんです。

どんよりとした寒空の下、ほっかむりして、ガニ股で、腰の曲がった大男が手鼻をかみつつ野良仕事に励んでいる。こんな姿は、晩秋の雪国の農村に似合いますねぇ。絵になります。でもどこか切なげです。哀しげで、憐れさが漂ってますねぇ。

そういえば近ごろは、頭のてっぺんで季節の移り変わりを感じ取れるようになりましたよ。昨年はまだそこまで体感できなかったのですが、経験してみると……驚くほど新鮮な感覚ですねぇ。晩秋の冷気が無防備な頭をジンジン刺激する。こんなことになろうとは想像していませんでしたよ。シャキッとしますね。眠気がふっ飛びますねぇ。

秋の陽はすぐに落ちて、夕暮れが足早にやってくる。昔、晩秋の黄昏どきともなれば人恋しさが一層募り、センチメンタルな気分になったものですが、この歳になるとそれはなくなり、ただ恋しいのはお酒。色気もへちまもあったもんじゃありません。冷えた体には熱燗が一番ですね。おちょこに注いだお酒をグィッと飲み干せば、熱いものがあっちこっちに染み渡りながら喉を下りてゆく。良いですねぇ、あの感じ。今晩はなんで一杯やろうか。湯豆腐もいいし、フーフーしながら食べる大根も悪くはない。

飲むほどに、酔うほどにどんどん気分が高揚し、「コメがあり、野菜があれば勝ったも同然！　どんなもんだ‼」などと鼻息荒くして、ついさっきまで、腰が曲がったの、髪の毛が薄くなったのと言っていたのが、古風な言い方だけど、「矢でも鉄砲でも持ってこい！」となるんですね。いいですねぇ、このパターン。都会でも田舎でもよく見る光景ですね。

お酒からつい話はわきにそれてしまったが、冬を抱いた秋、そのもの悲しさを含め、決して嫌いではない。秋から冬、それは一つの生命の終わり。鮮やかな紅葉は、枯れゆく冬の前のひとときの化粧。その移りゆく季節に包まれて、我と我が身の来しかた行く末、人生を考えてみるのも悪くはない。

なっ、分かったべ！　ヒッと鼻水飛ばしながらこんなことを考えてんだよ。哲学してんだ。外からではこの奥深さは、なかなか分かんないだろうがな。

（2019年12月・第52号）

田んぼのおしっこ

我が家の前には800haの田んぼが広がっており、後ろには朝日連峰の雄大な山並みが連なっている。静かな山あいの村だ。

唐突だが、俺はその広い田んぼを前に、立ち小便をするのが好きだ。家のなかで尿意を感じても、わざわざ外に出ていくことも決して稀ではない。

用を足しながら広大な緑の風景を見渡す。雄大に横たわる朝日連峰を眺める。田んぼを渡る7月の風は緑の波をつくって流れ、薄くなった男の髪を優しくなでていく。心地いいこと、この上ない。山や畑、野原など気持ちのいい所はたくさんあるけれど、やっぱり広い田んぼが一番。おそらくこれに匹敵する快適さを他に求めても決して得ることはできないだろう。

かつて娘が小学生のころ、「お父さん、家の外でおしっこしないでね」と言われたことがあった。学校の先生から「西根は遅れている。まだ屋外で小便している人がいる」と言われたのだそうだ。

「お父さんのことだと思って恥ずかしかったよ」と娘。西根というのは子どもの通う学区で長井市のなかでも農村部だ。もちろん誇りある俺たちの村。そばにいた妻も「そうだよ、お父さん、あれはみっともないよ」と言う。

えっ？　俺のおしっこ、誰かに迷惑をかけたか？

ここは都会のアスファルトの上じゃない。おしっこは匂いを出す間もなく瞬時に土に吸い込まれ、草や作物に活かされていく。タヌキやカモシカや野ウサギなどと一緒だ。田んぼの畔《あぜ》に放った俺のモノも、彼らの小便と同じように自然の一部となって、大地をめぐる壮大な循環の中に合流していくのだ。ただそれだけのこと。

お前たちだって立ち小便すればいい。俺が子どものころには、近所のばあちゃんたちもみんなやっていたことだ。女たちの立ち小便は子どもから見たってなんの違和感もなかったよ。人が通る道端でさえよく見る、普通の光景だった。

ばあちゃんたちは、おしっこをしながら、道行く人とおしゃべりだってしていた。すぐそばを子どもたちが通ろうが、男たちが通ろうがなんの動揺もなかったはずだ。堂々としていたから。我が家に立ち寄ったついでに畑でおしっこしたばあちゃんが、大らかに笑いながら、「お茶代金はここに置いたからな」と言ったっけ。お礼に肥料分を置いていくということだ。

あのな、この際だから言わせてもらうけど、お前たちの自覚のなさゆえ、あるいは都会の文化に見境いなく迎合した浅はかさゆえ、この女たちの「腰巻き」が育んできた貴重な文化が失われようとしている。はるか縄文の大昔から、ついこの間まで、母から娘に、娘から孫娘へと、ずうーっと受け継がれてきた文化だ。放尿の際の腰の曲げ方、尻の突き出し方、両足の広げぐあい、隠し方など、それらの所作の一つひとつが文化のはずだ。その歴史的文化が、まさにいま、ここで潰《つい》えようとしている。

いまやそれを知る人は80代以上の女性、それもほとんど田舎の女性のみとなってしまっているではないか。やがて彼女らがいなくなったら、知っている人は日本列島から完全に消え果ててしまうだろう。誰かが復活させようと思っても、手立てがなくなってしまうのだぞ。これから先、どのようにその文化を伝承していけばいいのか。

消えゆく女の立ち小便は、文化人類学上の深刻な課題のはずだ。俺は男だからしょうがないけれど、お前たちのなかに、われこそは……という志をもった女はいないのか！　その復権を！と言う人はいないのか！

話の途中から、妻と娘はいなくなっていた。

実際、事態はますます悪化の一途をたどっている。女から立ち小便を取り上げた同じ「文化」は、男の小便も小さな閉塞した空間に閉じ込めることに成功し、その上、掃除が簡単だからと、立ち小便の便所そのものを取り上げ、男女の区別なく「考える人」ポーズで用を足せるように仕向けてきた。如何に住宅事情からとは言え、それでいいのかと考え込んでしまう。

男たちよ！　野性を取り戻そう。野山や田畑でのびのびと小便しよう！　さすがにまだ、女たちよ！とは言えないけれど。

（2018年8月・第36号）

柳はかつて人間だった？

7月、8月は田んぼも畑も山も集落も、むせ返るような緑、みどりの中にある。でさ、この季節の、この色には特別な勢いがあるよね。あらゆるものが緑に染まっていて、山も、里も、田んぼも緑一色なのだけれど、分け入ってみればたくさんの木々や草々の、その一つ一つにいのちの勢いがあり、そのいのちの勢いがそのまま緑色になっているように思えるんだ。そしてね、中途半端にうろうろしているものは皆、この勢いに吸収されて、からだ全体が緑に変えられていく。そんな感じだ。

だから、うっかりしていたら自分も緑に染められてしまいかねない。そんな怖さを感じている。意外に思われるかもしれないが、どうも、昔からそう考えられていたふしがあり、田んぼの中のところどころに立っている柳の木などは、かつて、人間だったという話を聞いたことがあった。

あそこにあった柳は、隣村のトミさんのご先祖だったという話だ。

トミさんちのご先祖は、田んぼに入って働くのが何よりも好きで、朝から晩まで田んぼにいるような人だった。7月の下旬だったという。苗が大人になり、穂が出る直前、まぁ言ってみたら緑が最も盛んな頃だね。そのご先祖は田んぼの中に屈むようにして雑草をとっていたらしい。

ここからはそれを見ていた隣の田んぼの人の話だというのだが、トミさんちの先祖のからだが緑の中に溶け込むように見えなくなっていったと言う。彼は気のせいだろうと思い、そのまま帰ったらしいが、夜になっても戻ってこないので、心配した家族が田んぼに探しに行ったところ、ご先祖はいなかったが、近くに同じ大きさの緑の柳の木が立っていたということだ。

いままでそこには木などはなかったんだと。きっとそれはご先祖が緑の柳になっていったと、もっぱらの話だった。彼は決して緑の中でうろうろしているような人ではなかっただけに、不思議な話だと評判になったということだ。

こっちの柳があったところはヤスのところのひいじいちゃんだったらしい。ヤスのひいじいちゃんの場合は、田んぼを見ながら、煙管《きせる》に火をつけてゆったりとタバコをくゆらせていたらしいよ。そしたらそのまま足元から少しずつ緑になっていったんだとさ。

近くで見ていた人が急いで声を掛け、ヤスのひいじいちゃんも途中でそのことに気づいたのだけど「ま、これもいいや」といいながら、そのまま柳になっていったという話だ。

彼の場合はぼーっとしていた。すると、ああなってしまうんだね。これもずいぶん長いこと村の中でのお茶飲み話になったという。

ぼーっとしていたからといって、誰もがそうなるわけではないらしい。ま、煎じ詰めていえば、緑の世界、自然や草木のいのちの世界に寄り添える人だけに限られていたようだ。トミさんのところのご先祖もヤスのところのひいじいちゃんもそんな人だったということだね。

やがて時代が変わり、田んぼの区画整理があって、いろんな形の田んぼが真四角に整理されていったのだけれど、それに合わせて、あっちこっちにあった柳の木は切られていった。同じようにトミさんちやヤスのところの柳も切られたのだけれど、その子孫だけでなく、村人たちも立派に供養したらしいよ。

俺も田んぼに出て行くときには気を抜かないようにしないといけないと思っている。いつか俺も緑になって、田んぼの真ん中にずっと立っている柳になるのかもしれない。そんな渡世も悪くはないけれど、できればもう少し経ってからのほうがいいと思っているから。だから俺、しばらくの間、緑の中では気を確かに持ち続けることが大事だと思っているんだよ。

で、俺はね、ただぼーっとこんなことを考えていたわけですよ。田んぼの畔に腰かけて、濃緑の田んぼを見ながらさ。そしたら……えっ、まさか！

（2017年9月・第25号）

村のお盆

夏の朝の水田風景は美しい。朝霧の乳白色のなか、太陽が上るにしたがって、少しずつ緑の水田が顔を出し、広がっていくさまは、そのなかに「神様」がいるのではないか、と思えるほどだ。

夏休みなのか、それともお盆が近づいてきたからか、この時期になると、村を行きかう人のなかに、帰郷者やその家族、子どもたちの姿が目立つようになってくる。わが家もそろそろ、お盆に向けた準備を始めるか。

お墓の掃除や家の内、外の大掃除、障子の張り替え、客用の布団干し……。忙しくなる。お盆に入ったら入ったで、お墓参り、客のもてなし、送り迎え……。大わらわだ。

うれしいやら、疲れるやら。

お盆が終われば、村の病院は、年寄りでどっと混雑するだろうな。それはないか。いいや、あるかもしれん。高血圧が悪化したり、腰が伸びなくなったり……。

そんな日々が始まった。

お盆はこんな俺でも、ご先祖さまを意識しながら過ごす、特別の日だ。はたから見たら、接客がてら昼間から酒だ、ビールだと大騒ぎし、メタボの腹をつき出して、だらしなく過ごしているように見えるかもしれないが、大事な勘所は、ちゃんと押さえている。

「霊」とか「魂」とか、そういうことについては詳しくないけれど、故人となった方々に思いをはせながら、仏壇に手を合わせ、感謝の気持ちを新たにする。そんな機会が、お盆やお彼岸や法事など、日常生活のなかにもたくさんある。

今回、紹介するのは、同じように「霊」や「魂」への感謝なのだけれど、相手は人間でも牛や馬などの家畜でもない。草や木や土だ。

草や木の魂をなぐさめ、感謝する碑が山形県の南部、置賜地方に60基ほど分布している。「草木塔」と呼ばれているもので、自然石に「草木塔」、または「草木供養塔」と刻まれている。

その半分以上が、江戸期に建立されたものらしい。碑の一部に、「草木国土悉皆《しっかい》成仏」という文字が刻まれていることから、建立の趣旨がうかがえる。草木はもちろんのこと、土にいたるまで、皆、悉く《ことごと》成仏できるということだ。

先人の自然観、生きることへの謙虚さ、心根の豊かさ、優しさが感じられておもしろい。えらいもんだ。

そこで実際に見てみたくなって、白鷹町に草木塔を訪ねた。

それは、森のそばの農家の庭先にあった。高さは60㎝ぐらいあるのだろうか。自然石に「草木塔」と刻まれている。

家の人にうかがえば、江戸の後期、米沢藩から森林の管理と木材の伐り出しをおおせつかった、ご先祖が建てたものだという。

そのご先祖が亡くなるとき、「私はたくさんの草や木のいのちを奪ってきた。供養と鎮魂の碑を建ててほしい」と願ったという。その遺志を受け継いで、子孫が建立したそうだ。以来、森の木の伐り出しをやらなくなった今日まで、毎年、お供え物を添えて、碑を祀り続けてきたという。

当時の人たちにとって、森の木にいのちを感じながら、伐採し続けた日々は、きっと気持ちのいいものではなかったに違いない。寝覚めだって悪かっただろう。

そのご先祖は、亡くなるときに、「草木の化け物が俺の周りに来て……」と言っていたそうだが、分かるような気がする。俺ですら庭の木を伐採しなければならなくなったときには、やっぱり、手を合わせてから作業に入るもの。

そういえば、娘が小学生のころ、道路拡張で庭の桜の木が切り倒される前日、B5の用紙に「追悼」と書いて木に括り付け、泣きながら手を合わせていたっけ。こんな気持ちのありようは、田舎では珍しいことではない。植物と一緒に暮らすなかで、生まれやすい感情だろう。

俺たちに、草や木や土の喜びや悲しみは分からないが、生まれたからには、やはり、天寿を全うしたかったはず。それなのに、俺たちが生きるためとはいえ、草木を倒さなければばならなかった。刈らなければならなかった。焼かなければならなかった。本当に申し訳ないことだという、謝罪と感謝の思いが、その碑のなかに込められている。

お盆を機会に、ご先祖だけでなく、俺たちを今まで育ててくれた、草や木にも感謝の思いを新たにしなければ。いつになく殊勝な気持ちになっている。お盆はそんな思いを育てる特別な日だ。

（2018年9月・第37号）

「けいやく」の季節

乳白色の霧が上がると、にぎやかな秋の光景が顔をだす。紅葉するモミジやドウタン、サクラなどの樹々に、色づく柿やリンゴの実の数々。里の秋はカラフルだ。

庭のリンゴの樹の下をくぐり、我が家の畑に出てみると、大根や白菜はすでに充分に成長していた。

いま、雪国の村では、庭木を雪害から守る「雪囲い」の作業に忙しい。

朝日連峰から吹き下ろされてくる寒風の中での農作業。ズボンや上着は冬用の防寒具をまとった完全防備。それでも夕方の冷たい風はこたえる。陽が落ちれば頭に浮かぶのは熱燗だ。冷えた身体には熱燗、いいですねぇ。秋はお天道様の足も速い。まだ時間は早いが、もうそろそろ飲んでもいいだろう。晩秋と夕暮れとお酒と……、合いますね。たまらんですね。

一人酒もいいが、気の置けない人たちと交わすこの季節の酒もいい。そうだ、そろそろけいやくの季節だ。

「けいやく」

毎年、暮れが近くなると、あっちの集落、こっちの隣組で「けいやく」をいつにするかが話題にあがる。

「けいやく」とは、隣組の人たちが互いに手作りの重箱を持ち寄って、1年間の村の出来事や、隣組のあれやこれやを、お酒を酌み交わしながら振り返る行事だ。

すでにやめているところもあるが、俺たちの隣組では変わらずにやっている。ここ何年かはコロナで中止となっていたが、今年はやることになった。

ただ、さすがに宿元《やどもと》の家に料理を作って持ち寄ることはなくなった。「宿元」とはその年の「けいやく」の主催者で、各戸持ち回りで宿元になる。主催が宿元であるのは変わりないが、今では場所も料理も近くの旅館にお願いし、それぞれの負担を少なくするようになった。

参加は夫婦が基本だ。わが家の隣組は9軒。ほとんどが農家か元農家だ。一昨年、俺の母親が103歳で亡くなったときも、喪主の俺は何もせず、ほとんどこの隣組が取り仕切ってくれた。

その隣組の、年に一度の懇親の場が「けいやく」だ。文字にすれば「契約」なのかもしれないがはっきりしない。いつ頃から始まった行事なのかもはっきりしない。村の古老に聞いても「昔から……」と言うだけで、それ以上は分からない。

青森や秋田では友だちのことを『けやぐ』と言うらしいが、「けいやく」も「けやぐ」も元は一緒なのかもしれない。

さて、宿元の音頭で「けいやく」が始まる。そして最初に「とば」という台帳を次の宿元に引き継ぐ。「とば」には、昔からの代々の宿元の名前や、予算、会費、料理などが書かれている。次は謡《うたい》だ。年長者の発声で唱和となる。

「ところは高砂のぉ〜……」

俺は3組ほどした仲人の体験で謡を覚えたが、集落の新年会など、他にも謡を覚える場はあり、やがて年寄りから若い衆まで自然に覚え、謡えるようになっていく。天皇制文化の根は深い。

あとは酒を注ぎつ、注がれつの宴席となる。宴席は宿元の企画で多様だ。以前、川柳大会などもあった。それぞれに一句作って持ち寄るのだが、入賞句にはこんなものがあった。

耳が悪くて聞こえぬ母の　通訳替わりは隣のおこちゃ
（おこちゃもまた耳の悪いばあちゃんだ）

吊るし柿　食べる頃には縄ばかり
（まだかな?と、吊るし柿をちぎっては味見していく）

酒飲めば　赤くなるなりけんちゃの子
（農家を継ごうと戻って来た青年の句。けんちゃはその父親）

「まぁ、聞け！　お前に教える。土というものはな……」「この漬物の漬け方は……」歌あり、講釈あり、飲むほどに、酔うほどに、懇親の場は盛り上がってゆく。けいやく……。村の小さな単位である隣組の親睦と交流の場。これから先、いつまで続くか分からない。だけど、人と人とが織りなす関係こそ村の基本、社会の基本。いつまでも続いてほしいと願う。

この「けいやく」が終われば、村は一気に冬に入ってゆく。

（2023年1月・第87号）

耳明けとヤハハエロ

野も山も里も真っ白な雪景色。今朝、起きて部屋の温度計を見たら、マイナス1℃。まだたいしたことはない。それでも慌ててストーブをつける。

我が家は昔からの農家。かつては家の中で蚕《かいこ》を飼い、冬にはワラ仕事などの作業場にもなっていて、家の造りにその名残がある。つまり、やたらと天井が高く、だだっ広い。このような家屋は近所にも多くあるが、夏は涼しいけど冬向きではない。

ストーブが燃えて暖かいのは使っている部屋のみ。ひとたび廊下に出ると冷気が襲って来る。カーテンを開け、ガラス越しに外を眺めれば、屋根から落ちて来た雪が白い壁のようになっていて光を遮断している。だから寒く、冷たく、そして暗く……。

でもな。悪い事ばかりではないんだ。そこには「コタツ文化」というか、家族が一つのコタツに入ってミカンなどをむきながら、お茶を飲んだり、漬物を食べたりして、一緒の話題を楽しむ暮らしがある。孫たちも学校から帰ってくると、まずはコタツに潜り込み、その一員となる。時には外からのお客さんもそこに加わり……。そうなんだ。外が寒いからこそ、みんなバラバラのままでいるのではなく、大人も子どもも、一つの場所で温まりあう。寒い雪国にはコタツを中心としたこんな暮らしがあるのです。

さて、ここからは山形県の農村のというか、我が家のというか、俺たちの暮らしを、年末年始の行事を中心に紹介したい。

年末は12月9日の「耳明《みみあ》け」から始まる。穀物の神様である大黒様を祭ってある神棚に、尾頭付きの魚と根が二股になった「まった(股)大根」を供える。そして一升枡に大豆を入れ、カラカラと揺すりながら、

「お大黒さまぁ、お大黒さまぁ。耳をよ～く明けて聞いておりますから、なにがええごおしぇでおごやえ～!(良いこと教えてください)」と大声で3度言う。

この暮れも小学6年生を筆頭に3人の孫とこれを唱えた。

「『何か良いこと教えてください』とは卑屈で、情けない」と思う向きもあろうが、昔は飢餓と隣り合わせの日々。ちょっとした天候異変がそのまま家族のいのちの危機につながった時代が長くあった。懸命に働いた後は、「神頼み」しかなかった頃の村人の行事と考えれば、これもうなずける。

12月28日は「松迎え」。門松に使う「三階の松」を山から迎えてくる。「三階の松」とは枝が3段になっている松の事。孫を連れて山の麓に入り、松の成長を止めないように、枝の中からそれに近い松を選んできた。

12月30日には家族総出で餅を搗《つ》き、16個の鏡餅を作る。

元日の朝はその日に初めて汲む井戸水を「若水」として神様と仏様にお供えして感謝す

る。そして孫たちと台所、倉庫、鶏舎……と、我が家に宿る（と思われる）16カ所の八百万《やおよろず》の神さまに、鏡餅、栗、干し柿などをお供えし、一年の無事を祈ってまわる。

その後、孫たち3人が神妙に正座したところで、一人ひとりに相対し、「お年取りの儀式」を行う。儀式とはいっても俺がやるのだからたいしたことはない。お供え物を載せたお膳を孫の頭上にかざし、その子が数え年で12歳ならば「13歳になぁれ、13歳になぁれ」と唱え、その子のいいところを褒め、「年が一つ増えても変わらずにな」などと話し、お年玉を配って朝の行事は終了。元日の朝とはいってもなかなか忙しい。

1月15日は「小正月」だ。この日は「ヤハハエロ」と「団子下げ」。「ヤハハエロ」とは「どんど焼き」のこと。「団子下げ」は「団子飾り」ともいうが、木に団子や繭《まゆ》玉を模したものを飾り付け、豊作や無病息災、繭の多産などを願う行事として続けられている。

この間、まちから来てくれたお客さんに、1年生の孫が団子飾りを触ろうとピョンピョン跳ねながら「これは私が飾ったんだ」とうれしそうに教えていた。

ま、だいたいこんなことなんだけどね。

でも改めて考えてみれば、暮れや正月の行事は、農家が減るのに合わせて消えている。農家ではないから「お大黒さまぁ」ということもないし、あえて豊作祈願の団子を下げる必要もないということだろう。家屋の造りの変化と共に、コタツだって減ってきている。

さて、俺たちはこれから、次世代の子どもたちに何を残してやれるのだろうか。いつになく真剣に考えている。

(2021年3月・第67号)

山里の冬

温度計は0℃から上を指さず、雪原を掘れば120㎝はゆうにある。例年より多いわけではないが、山も野も田んぼも白一色の純白の世界だ。それは同時に静寂の世界でもある。そばを流れる小川はすっぽりと雪で覆われていて、せせらぎの音を外に漏らさない。樹々は枝とともに雪に包まれていて、そばを通り抜ける風は小枝を揺らさず、静かにすっと通り過ぎていくだけだ。スズメやカラスでさえも沈黙し、寒さが去っていくのをジッと待っているかのようだ。シ～ンとした、どこか淋しげな季節、真冬。

雪の下。土たちはゆっくりと眠っている。シッ、静かに！ 彼らを起こしてはいけない。真冬の時ぐらい休ませてあげよう。草木が目覚めるよりも前に彼らは起きだし、草木に力をおくる準備をしなければならないのだから。

わが里の2月は、何といっても雪が中心だ。空はいつもどんよりとした厚い雲に覆われていて、カラッとした青空の日は極端に少ない。たま〜に見渡す限りの青空だったりすると、何か不吉なことでも起こるのではないか……と、空を見上げてしまうほどなのだ。でもな、それがこの地で暮らす我々にとっての日常なのであって、ここにはここの楽しみがあるし、けっこうおもしろく、かつ、にぎやかにやっているのだから、あなた方が同情するには及ばない。

冬の楽しみを語る上で欠かせないのは漬物。高菜、大根、かぶ、白菜、にんじん……。工夫を凝らしたさまざまな漬物があっちこっちから集まってくる。それらをいただきながらのお茶飲み話は、ことのほか楽しい。えっ、漬物でお茶……、そんなんで何が楽しいのかって？　ホットケ！　この楽しさ、豊かさが分からないと雪国の魅力というか、農村文化というか、東北の、いや、日本の……と言えば大げさか。そのおもしろさが分からないと思うよ。

我が家には中学1年、小学5年、小学2年の女の子がいる。孫だ。その孫たちは日曜日となると、ほぼ毎週のようにスキーに出かける。その上、学校のスキー教室もあるし、学区ごとにあるスポーツ少年団でもスキー教室や大会が盛んだ。

小学1年生ともなるとお互い誘いあったり、親に連れて行ってもらったりしながら、天候が荒れていようが、気温が零下を指していようが、全く気にも留めずに、嬉々として近くのスキー場に向かう。親の仕事で都合がつかない時には大人が相互に協力し合って、連れて行く。時にはナイタースキーにだって出かけ、夜の9時頃まで滑りを楽しんでくる。年に3、4回は遠く離れた蔵王などの、とても大きなスキー場にも出かける。そんな環境もあって、俺の子どもたちなども（孫ではなく）、まだ小学校に入る前から、蔵王の頂上から滑り降りていた。そんな風だから、我が村の子どもたちはみんなスキーが上手だ。えっ俺？　フフッ、聞くまでもない。

もちろんスキーやスノボーを楽しむ大人もたくさんいるが、なんといってもこの季節の大人たちの仕事は朝晩の除雪。除雪車があるではないかと思う人もいるだろうが、除雪車は道路の雪を除雪する。各家庭に通ずる道は除雪車のあおりで雪が小山のようになってしまうことが多く、それを片付けなければ車の出入りができないし、そもそも、道路から家庭までの小道の除雪は各家の役割だ。それにシーズンに2回はしなければならない雪下ろし。さぼれば屋根が雪の重みでつぶれてしまうのだから手が抜けない。我が家のように鶏舎や豚舎などの建物が多い人は片付けたり、下ろしたりする仕事が四六時中あって、雪との格闘に途切れがない。

2月の下旬。春の前触れは突然やって来る。

朝、布団の中で目が覚めると、今までの朝にはない感覚を感じる。あっ、春だ、春が来たんだ！　障子に映る日光の強さか、木立から聞こえて来る小鳥たちのさえずりか。特定できるものは何もないが、でも確かに何かが違う。春はそんな風に突然やって来る。雪国の人だからこそ分かる感覚だろうな。
今はまだ、その感覚はやってきてはいない。

（2022年3月・第79号）

第三章　生きるための農業

やっぱり冬が好き

冬も半ば、寒い日が続いている。おとといなどはマイナス6℃だよ。昼になっても零下のまま。鶏舎の水道が凍って水が出なくなってしまった。

そうなると大変だ。凍り付いた蛇口部分を温めたり、氷になっているホースの中を溶かしたり……と、お湯の入った薬缶をもってあっちにこっちに走り回ることになる。この間なんかは水道管が破裂し、水が噴き出てしまった。

でも、このぐらいなら水道屋さんを頼むまでもなく、自分で直せるぐらいの経験は積んでいる。シーズンに2〜3度はあるからな。

低温でも凍らせないコツは、いつでもチョロチョロと絶え間なく水を出しておくことだ。鶏舎の水道も、家屋の水道も、昼も夜も一日中、ちょろちょろと。

その時だって、それをやってはいた。雪国の常識だからね。だけど、その時の寒気は、そのチョロチョロも凍らせるほどのものだったということだ。

さて、列車や車の窓から、雪で覆われた寒村を眺めていたりすると、こんな寒々とした村に住む人たちの暮らしって大変だろうなぁ、などと思ったりしないだろうか？　小さくなって歩いている人がいて、その方が腰を曲げた老人だったりすると、余計に同情的になったりする。

でね、俺の村はそんな寒村なのです。やっぱり老人がときど〜き、雪の中をポツンと歩いていたりします。もし旅行者が通ったりすれば（そんな人はめったに来ないけれど）、見るからに淋しい風景と映るでしょう。

「寒そうだなぁ。年寄りの身には堪えるだろうなぁ。早く春が来ないかと思っているのだろうなぁ。もしかしたら幸せじゃないのかもしれない……」

だけど、そんな寒村の世界も中に入ればちょっと違った姿になります。外は雪。田畑の仕事はまったくの休み。雪片付けの仕事はあるものの、時間は贅沢にあります。日頃、読むことができなかった本を読む。訪ねて行きたくても行かれなかったところに行ってみる。そんなことはしなくても、隣近所にお茶のみに出掛け、ゆっくりと過ごしてくる……、お金はないけれど、何ものにも代えがたい豊かな時間があるのですよ。

関西の百姓仲間は、「菅野のところは雪があって、1年の暮らしにメリハリがあるからいいなぁ。俺たちのところは年がら年中畑仕事だよ。それは多少稼げるけれど、あわただしい」と言ったことがありました。どちらがいいかはその人の考え方、生き方によりますが、私はやっぱり雪の寒村が好きですね。

そりゃあ、列車の窓から同情の目がそそがれていることは知っていますよ。でも、そんなものは、ほっとけばいいんです。次回はわざと腰を曲げて手を振ってやりましょうか。見ている人はさぞや喜んでくれるでしょう。山形の冬はいい季節です。

でもなぁ、太るんですよ。想像してみてください。190㎝の大男の体重が三桁になり、次の大台である110㎏に限りなく近づいていくのです。ほとんどの人にとってこの恐怖は実感できないでしょうね。

ま、俺の体格をたとえて言えば、かのダルビッシュよりも身長で6㎝ほど負け、体重で9㎏ほど勝ち、年収ではちょっとだけ（？）負けているといえばおわかりいただけるでしょうか。

とにかく、冬になっても労働シーズンと同じようにご飯がおいしいし、お酒がうまいし……、どんどん胃に入る。だけど働かない、動かない。太る一方なんです。春になれば元に戻そうとするのですが大変です。からだが重いのなんのって……。

光と影、山と谷、幸と不幸……これらは常に一対で光だけ、山だけ、幸せだけっていうのはないものなのですね。長所を味わうのなら、それと一対の短所も受け入れなければならない。

だからさ……、時間的余裕と太ること、今は達観してこの両方を楽しんでいますよ。ダルビッシュ、お前もがんばれよな、関係ないかもしれないけど……。

（2017年3月・第19号）

脳出血からの生還

異変が起きた。世の中のことではない。この俺の体のことだ。

昼食後のガランとした地元のレストランの一室。東京から来た8人ほどの青年たちを前に、置賜自給圏の取り組みについて話していたときだった。話しながらだんだん気持ちが悪くなってきた。昨夜の酒が良くなかったのか。最初はそう思っていたが、そのうち思うように言葉が出なくなってきた。体の芯から力が抜けていく脱力感も。話すのも難儀になってきた。

これはおかしい。こんな感じはいままで経験したことがない。何かが始まっている。

「話は中止だ。申し訳ないが、いまからすぐに俺を病院に連れて行ってくれ」

青年たちに、急いで私を地域の中核医療を担う置賜総合病院に運んでくれるようお願いした。家族に異変を知らせようにも、あれほど頻繁に使っていた携帯電話の使い方がわからない。気が動転しているからか？　どうもそれとは違うようだ。これも異変の一つか。

車は15分ほどで病院に着いた。救命救急のベッドの上。看護師たちが、慌ただしく俺の周りを動いている。「脳出血ですね」との医師の声を聞く。俺はどうなってしまうのか。ぼんやりとそんなことを考えていた。

幸運だった。きっと近くを神様が通り過ぎようとしたときだったに違いない。その衣服のどこかにしがみついたのだろう。なんとかいのちはつながった。

翌日には集中治療室から個室に回され、やがて間を置かずに4人部屋に移っていった。

脳出血で倒れたと聞けば助かっても言語障害とか、機能障害とかの何らかの重い後遺症がつきものだ。いままでもそんな実例をたくさん見てきたし、実際、友人にも重篤な後遺症に苦しんでいる人がいる。

俺の場合は処置が早かったからだろう。幸いにも話すこと、歩くこと、書くことなどの基本動作への大きな影響はなかった。ただ、計算能力、漢字を書く能力には少なからぬ影響が出ていた。

「5＋2＝」など瞬間的に答えが浮かぶものはいいのだが、「15－7＝」のように繰り上がり（繰り下がり）のある計算はできなくなっていた。いくつ繰り上がったのか、繰り下がったのかを瞬時に忘れてしまい、覚えていられない。だから計算ができない。

ほかにも、漢字を書く能力は小学1年生並みになっていたし、新聞は読めても記憶に残らない。果たしてそれらは回復するのか。傷ついた脳に力が戻ってくるのか。

「3カ月の壁」ということを聞いたのは倒れて間もないころだ。失った能力が回復しやすい時期は3カ月間。それを過ぎてもさらに3カ月は穏やかに回復するが、半年を超えると、なかなか難しくなるというものだ。どれだけ医学的根拠があっての言葉なのかはわからないが、頑張る意欲をかき立てるには十分だった。やるしかない。

小学1年生の計算ドリルと、1カ月間は格闘していただろうか。でも、いくら頑張っても進歩が感じられなかった。もともと肝心の脳の一部が障害を受けたのだから仕方ないことなのか。いくら努力をしても無駄で、いまはできない現実を受け入れるしかないのか。暗闇のなかに、実際にはないかもしれない出口を探すような心細さを感じていた。

それでも起きてから寝るまでのほとんど全ての時間をこれに充てていた。俺にはそれしかなかった。

そして、ある日突然に……。あれっ、もしかして……。繰り上がり、繰り下がりの計算の手掛かりが見つかったかもしれない。突破できたかもしれない。そんな感じが生まれた。それが確信に変わったときには、病院の薄暗い食堂で一人、顔を伏せて泣いた。暗闇から抜け出す小さな出口が見つかったこと。障害は克服できる、そんな希望が見つかったこと。それがうれしくて、うれしくて……。顔を伏せたまま、ぼろぼろ涙を流して泣いた。

リハビリセンターでの訓練は、身体の運動機能に関する「理学療法」と、もう少し細かく、生活する上での機能の回復を図る「作業療法」、読み書き、話すことに関わる「言語聴覚療法」と3つの分野に分かれている。それぞれが50分から60分、合わせて3時間弱を1セットとして、毎日繰り返されていた。あとは自由時間。

でも、俺はその自由時間が本当のリハビリの時間だと考えて、自主トレに励んでいた。

「実際はな、1日1セット3時間では足りないよ。だけど点数の枠があって、国民健康保険の枠の中に経費を収めようとしたら、そのぐらいの時間しか取れない。だから、それとは関係なくリハビリに励むことが肝心だ」

このように忠告してくれたのは医療関係に勤めていた友人だ。そんな助言や「3カ月の壁」という話もあって、少しの時間も無駄にすることなく、早朝から消灯時間になるまで、いや、消灯になってからも小さな照明をつけて、計算や漢字、音読などに取り組んでいた。

「菅野さん、あまり無理をしないでよ。身体を壊したら何にもならないからね」「いつか菅野さんの努力を本にしてみたら。きっと多くの人が励まされると思うよ」

そう声をかけてくれたのは、時々顔を合わせる看護師さんだ。自分では無理をしているつもりはなかったのだが、外から見たらそのように見えたのだろう。

失った能力の一つに漢字を書くことがあった。読めるのだが、書けない。簡単な文字は何とか書けるが、「椅子」「箸」「鉛筆」「筆」……などは書けなかった。うっすらと字のイメージは浮かぶのだけれど、いざ鉛筆を握って書こうとすると書けない。多くがそんな感じだった。そこで、妻に『小学漢字辞典』の購入を頼み、手にした1000ページの辞典の漢字を片っ端から書いていった。

文を読む訓練はこうだ。新聞から「人生相談」やコラムのようにそう長くなく、難しくもない文章を探し出し、声に出して読んでみる。あっちこっちにつっかえる。自分がいかに読めなくなっているかがよくわかった。それと合わせて「藤沢周平」の世話にもなった。小説なので「大意」をつかまないと前に進めない。意味を押さえる訓練にもなった。

このように、外見上は何の問題もないかのようだが、内面はけっこう障害を受けていて、その一つひとつの克服が毎日の「自主トレ」の目標になっていた。努力の方向は、はっきりしている。成果が出るかどうかは定かではなかったが、向かって行くしかない。

入院、リハビリ生活の中で、最も頭を悩ましたのは運転免許のことだった。病院の医師から「あなたは視界の半分しか見えていませんよ。『半盲』状態です。免許証は難しいかもしれません」

入院して1週間が過ぎた頃だろうか。運転免許証は無理……。聞いた瞬間、頭は真っ白になってしまった。

俺の住んでいるところは地方の山村。それも豪雪地帯だ。近くのスーパーに行くのにも、歩けば1時間はかかる。冬ならば半日仕事だろう。暮らすにも農業するにも、当然のことながら車は不可欠だ。途方に暮れた。病気をきっかけにして、暮らし方、生き方を変えなければならないことはわかっていた。変えようと思ってもいた。だけど、車がないとなると……。

考えたら眠れない日々が続いた。友人は「弱者の心がわかる人間になれるよ」などと評論家のようなことを言っていたが、本人にしてみたらそれどころではない。

やがて幸いにも出血部の腫れが引き、神経への圧迫が取れたからか、医者が無理だと言った視界が少しずつ戻ってきて、運転免許は大丈夫になった。それまでのおよそ3カ月余り、車がない中でどう暮らしていくのか、答えのない煩悶を繰り返した。

リハビリを含め45日の入院生活。突然の脳出血というアクシデントに襲われ、生活が一変し、人生を考える得がたい機会を得た。

でも、地域と関わる大きな方向性は変わっていない。ただゆっくり時間をかけてやっていこうと思っている。

失った力の8割は戻ってくれた。ここが、これからのスタート地点だ。

（2018年2月・第30号、3月・第31号）

アジアの農業指導者がやってきた

栃木県の那須塩原に、アジア学院というアジア、アフリカ圏の、主に農村地域で活動する人たちが学ぶ学校がある。学びに必要な経費のほとんどがキリスト教の世界的基金や市民の寄付などでまかなわれている。

学生とは言っても、それぞれの国では、牧師さんや農村指導者など立派な実績のある人ばかりなのだ。そんな彼ら、彼女らが、農作物の生産や畜産、農産加工など、農業全般と農村におけるリーダーシップについて研修を重ねている。

学びの基本は地域資源を活かした有機農業。地域をベースとした自給自足を旨とする「生きるための農業」だ。講義はすべて英語でおこなわれる。9カ月間の学びの後、彼らはそれぞれの国に戻り、〝草の根〟の農村指導者となって、その国の人々と共に地域づくりに取り組む。

そのアジア学院の学生たちが毎年、我が家を訪ねてくれる。最初に訪れたのは1992年ごろ。だからもう25年以上になる。今年も総勢30人ほどの人たちが訪ねてくれた。

外国人にはほとんど縁のなかった、25年ほど前の山形の片田舎の我が村に、突然アジア、アフリカ圏の人たちがバスから降りてくる。いったい何ごとかと、当時は集落の人たちもびっくりしていた。

「あの人たちはどこから?」

「何しに来たんだい?」

村の人たちは、学生が帰ると待っていたかのように我が家にやってきて、こんな質問を繰り返した。

う～む、説明が難しい。

学生たちとは、鶏舎の木陰や村の公民館を借りて、地域ぐるみで進めた農薬の空散反対や減農薬運動、生ごみの堆肥化などの考え方と実践について話し合う。その上で、お互いの経験や意見を交換する。25年間続けてきたのはこんなことだった。

それにしても、25年は長すぎる。何を求めて？　私も気になりながら、今までまともに聞いたことがなかった。そこで今回、思い切って副校長先生で教務主任の大栁由紀子さんに聞いてみた。

菅野さんのところにアジア学院の学生が行く理由？　たくさんあります（笑）。

菅野さんが消費者と生産者をつなぐレインボープランのようなプロジェクトを始めるのに、どう地域を巻き込んでいったのか？　まず女性グループを味方につけ、そこから商工会、病院、清掃事業所、そして地域の人を巻き込んだ上でＪＡ（農協）に働きかける、最後に行政にいったこと。

皆、最初に行政にいくから失敗するのだと思います。女性をまず味方にするのは、おそらくどこの国の農村でも通じる方法でしょう。しかし、行政主導ではなく住民主導というのは、言うは易く行うは難い。菅野さんたちの経験は、途上国でも大いに参考になります。

また、競争ではなく協働を心がけてきたこと。競争ばかりが目につく状況は、日本よりも途上国農村の方が激しいですよ。競争は人々を分断するし、そこからは協働の事業は育ちにくい。さらに途上国はリーダーと一族で利益を独占し、汚職も多いです。

しかし、ここ長井の市民たちがやっているプロジェクトは、自分や、誰か特定の個人の利益のためではなかった。「利益を得るのは個人ではなく、地域の人たちみんなです。先んじて始めた人であっても、利益は平等」というセリフは、別世界のことのように、ギョッとします。そして、自分もそうあるべきなのだ、と襟を正すでしょう。

長井で行われている全てが、元々の「成功者」「村長（あるいはその息子）」が始めたのではなく、運動家あがりの、村で白い目で見られていた若い一農民が始めたということ。それが、時間をかけて、多くの市民の支持を得ていったということ。そこが最高に面白い。だからこそ、学生は「菅野さんはゼロどころかマイナスから始めたんだ。僕だってできるはず」と大きな勇気をもらうのだと思います。

話を聞いてわかった。

アジア学院が学生に届けたかったのは、俺の経験を通した、地域づくりに求められる協働の考え方だ。それは長井市民が実践してきたものだ。国や文化は違えど、農業や農村の抱えている問題は驚くほど似ている。それぞれの実践が国境を超え、教訓として共有できるということか。

国に帰った学生たちには、どんな苦労が待っているのだろうか。農村のリーダーたちは、ともすれば自分自身の健康や生活を一番最後に回してしまう、そんな生き方をする。それもわかっていながら、でもなお、健康には気をつけてと願わずにいられない。

（２０１８年10月・第38号）

アジア農民交流センターの設立

いつになく雪が早く、野山はすっかり白銀の世界だ。雪女はもう、いつ出てきてもおかしくはない。

だからというわけではないが、今回は暖かい国、南国タイの農民たちの話だ。俺は日本各地の仲間や、タイ、韓国、フィリピンなどの農民たちと一緒に「アジア農民交流センター（ＡＦＥＣ）」をつくり、農業を中心とした経験交流を行っている。立ち上げたのは１９９０年ごろだから、かれこれ30年ほどになろうか。タイ農村の厳しい状況を知ったことが設立のきっかけでもあり、タイの東北部には、これまで幾度も訪れている。

そんな我々の事業に対して「タイの村に行って、何か参考になることとってある？　彼らの農業は遅れているだろう？」との反応が多い。確かに我々が行く村には、日本のように圃場整備が行き届いている水田があるわけではない。水は雨期を利用して貯めた天水《てんすい》。田植えは、ほとんどが手植えで、稲刈りも人力だ。このように日本とは大きな違いがあるが、土を耕す同じ農民として考えさせられることは実に多い。

その一つが、「生きるための農業」と呼ばれているものだ。そう、生産性を上げて利益を増やすための農業ではない。もちろん生きていくためには利益も必要だが、それを他の何よりも優先させるということではなく、穏やかに暮らしていくことを目的とした農業。文字通り生きるための農業。生きていくための農業だ。

背景には、農民たちが政府から奨励された輸出用専門の換金作物生産によって、借金まみれになってしまった現実があった。それまでの自給自足を中心とした農業には、貧しくはあっても借金苦はなかったという。

それを政府の方針で、利益を目的に誘導され、自給中心型から換金を目的としたサトウキビだけ、あるいはキャッサバだけを生産する輸出作物栽培に切り替えた。

しかし、その作物価格は国際市場の動向に左右され、浮き沈みが激しい。また、それらの作物は土壌からの収奪性が高く、継続して栽培するには作物とセットになって奨励されていた高額な化学肥料と農薬を使うしかなかった。作物が暴落しても経費は安くならない。リスクの大きい農業であった。

やがて輸出作物が暴落し、借金だけが膨らんだ。農民たちは農業を捨て、出稼ぎに活路を見いださざるを得なくなっていく。タイのイサーン（東北部）の農村は、出稼ぎ労働者を多く生み出す地域となっていった。家族はバラバラになってバンコクへ、中東へ、東京へ、ソウルへと出て行った。

そんな中で、かろうじて残った農民が始めたのが「生きるための農業」である。当初、それは村の中の「変わり者」の農業だったという。変革者は必ず「変わり者」として登場するのが世の常だが、「生きるための農業」は、間違いなく「変わり者」、少数者の農業だった。

でも、そこには生活を守ろうとする自給のための様々な工夫があった。農地の真ん中に池を掘り、魚を飼う。台所の生ごみは細かく刻んで魚たちのエサとする。池の周囲にはマンゴーなどの果物を植え、木陰には小さな豚舎や鶏舎を建て、家畜を飼う。堆肥をつくり、肥料も自給する。その外周には水をうまく活かして野菜畑をつくる。いわば、自給と資源循環の農業である。農業と暮らしの操縦桿を、再び、国際市場から農民の手に取り戻した。

さて、日本である。自由主義市場経済の名のもとに、あくまでも「利益と効率」が中心で、水田や畜産、畑作の大規模化が半ば強引に進められ、たくさんの家族農業、小農の淘汰が行われている。経営の操縦桿は、大規模化が進めば進むほどに農家の手を離れ、機械、肥料、農薬関連の企業の手に移り、他方で健康や環境問題への不安が広がっている。

この利益と効率のレースにはゴールはなく、勝者もいない。少なくとも身近なところには、それで幸せになった人はいない。ただ辛い日々が続くだけの毎日。

我々はいったいどこに向かおうとしているのか。自分たちで操縦桿を手にしたタイの農民のように、そろそろこの辺で立ち止まり、穏やかに暮らすことを目的とした農業、みんなが共に生きていけるための社会づくりに、舵を切ってみたらどうだろうか。

（2021年2月・第66号）

和顔施

和顔施《わがんせ》、誰にでもできる笑顔の贈り物。

この言葉を知ったのはずいぶん前になる。それ以来今日まで、誰かの笑顔に出会い、新しい力を得るたびに、この言葉を思いだす。そしてな、俺自身もできるだけ人には笑顔で接しようと心掛けている。だが、これはなかなか難しい。相手に気持ち悪がられたかなと思うこともあったり……。だけど、笑顔をもらう立場から言えば、いつだってうれしい。

Aさんは友人で、60代の、いつも笑みをたたえているすてきな女性だ。彼女のお連れ合いは体格が良く、程よく体重があって、つまり……大きい人。そのAさんがお連れ合いとの結婚を決めたのは、食事をともにした時の彼の食べっぷりにあったという。

「私は上品にチマチマと食べる男って好きになれなかった。彼は私の目の前でモリモリ食べていた。それを見てこの人は絶対にいい人に決まっている。そう思ったんですよ」

おもしろいモノサシがあり、いろんな結婚の決め方があるものだ。彼は彼女の見立て通りの人だったのだろう。いつも変わらない彼女の笑顔がそれを証明している。

こんな話を聞くと、ホッとして、うれしくなるね。それは俺もバクバク飯を食うし、大きいからだけど……。

ところで、Aさんの笑顔に出会うたびに思い浮かぶのは、先にふれた「和顔施」という言葉だ。仏教の教えの一つで、地位や財産がなくても心掛けによって誰もがいつでも簡単にできる他人への「施し」だという。笑顔の贈り物。まわりがホッとして、うれしくなるような贈り物。

彼女とは仕事の関係でときどき会うが、そのたびに気持ちのいい笑顔が返ってくる。別れた後も、なにかうれしい贈り物をもらったような、どこか浮き浮きした心もちが続く。あらためて考えると不思議な力だ。笑顔。「和顔施」。なるほどな。

山形県長井市には、レインボープランと呼ぶ循環システムが、25年近くも前からある。市民が台所から出た生ごみを分別し、行政が回収して堆肥化し、農家はその堆肥を使って農産物をつくり、それがまた市民の食卓に上る。このまちぐるみの循環システムは、今や、長井市を代表する事業の一つになっている。

じつは、この事業の準備から立ち上げのもっとも大変な時期に、一貫して事業の中心となり、市民をけん引してくれたのは女性たちだった。

当然、楽しいことばかりではなく、大変なこともたくさんあった。そのことは、俺もずっと彼女たちと一緒だったから知っている。いま、あらためてその一つ一つの場面を思い起こしてみると、苦しいにつけ、楽しいにつけ、いつもそこには彼女たちの明るい笑顔があったことに気付く。笑顔が彼女たちの武器とも潤滑油ともなっていた。思い通りにいかないこと、腹の立つこともあったろうに、そこは子どもたちや孫たちのために……と、笑顔を交わしながら、大きな峠や険しい谷を越えてきたんだよな。

どんなに意味のある地域づくりとはいえ、眉間にしわを寄せ、苦しそうにやっていたら、他の人たちはそんなところに近づきたくないと思うに違いない。でも、笑顔のあるところには人が集まる。笑顔には不思議な力がある。

地域づくりのように、たくさんの人たちが協力し合うとき、そこに笑顔は欠かせない。まして既得権益をなくしていくような活動の中ではなおさらだ。

さて、今日、コロナによって誰もがストレスの多い暮らしを強いられている。なかなか笑顔というわけにはいかないが、そんな中でのイライラ感はコロナ以上に伝染する。

でな、そんな時だからこそ、「自分を引っ張る笑顔」「まわりを支える笑顔」「気持ちを明日につなぐ笑顔」を返せるように、鏡の前に立って、口角を上げて練習してみるというのも、大いにありだなと思っている。

あっ、そうか、……もしかしたら、かのAさんも毎日練習していたのかもしれないな。だとすれば、あの笑顔は努力の結果だったんだ。彼女ならあり得る話だ。

（２０２１年4月・第68号）

カレーと卵かけご飯

二つの話をする。

一つ目はカレーライス。カレーは今も昔も大人から子どもまで、幅広く愛されているメニューの一つだ。

昔とは言っても、俺が子どもの頃のことだから今から60年ほど前のことになるが、母親はよくカレーを作ってくれた。それは俺たち兄妹にとって、とても楽しみなご馳走だった。小麦粉とカレーの粉を水で溶き、肉の代わりにクジラの白身。ニンジンやジャガイモ、ネギなどを加え、煮込んでくれたもの。

夕方、遊びから帰ると、その香りが近所まで広がり、「あ、今日はカレーだ！」と、とても誇らしく、うれしかったことを覚えている。皿にご飯と香り豊かなカレーをかける。福神漬けなどのコジャレタものはなかったが、それがとってもおいしく、腹がはち切れるまで食べた。

それから随分時が経った。102歳になった母親は今も健在だ。何年か前に、子どもの頃に食べたカレーを再現してもらったことがあった。小麦粉にカレー粉、クジラに野菜は昔と一緒。出来上がった香りも、黄色の色合いも当時のカレーと同じ。

「よし！」とスプーンですくい口に運ぶ。ん？　これがあの頃食べたカレーか？　味が淡白過ぎてコクが感じられない。深みもない。まずくはないがおいしくもなかった。あんなに喜んだ味だったのに。母親には申し訳ないが、全く期待外れだった。

「お前たちはこのカレーをおいしい、おいしいと、いつも喜んで食べていたんだよ」と、母親は笑みを浮かべてはいたが、どこか淋し気だった。

なぜおいしく感じなかったのか？　それは俺の味覚が変わり、昔の味では満足できなくなったからに違いない。いまのカレーに感じるコクや深みは、カレーのルーの中に含まれている化学調味料の力なのだろう。母親が作った昔のカレーには、そうした調味料は全く含まれていなかった。

二つ目は卵かけご飯。

最近、この話題によく出合う。この間もテレビ番組でおいしい卵かけご飯を取り上げていた。評判のその卵を買うために、店には朝から行列ができていた。

「ここの卵はおいしいですよ。これを食べたら他の卵は食べられません」と、一人で何パックも買っていた女性が言う。

しかし、この卵を産むニワトリたちはケージ飼いで、狭いカゴに閉じ込められている。慢性的な運動不足とストレス。こんなニワトリたちが産んだ卵はおいしいわけがないと思うのだが……。「おいしいのはね、ニワトリに与えるエサが違うんですよ」と、店の経営者は得意げだ。確かに彼の言うとおり、ケージ飼いの工業卵は、何種類もの飼料添加物の組み合わせの中から、人間が最もおいしく感じられる配合比を選び、消費者好みの濃厚な味に仕上げられているという。

最近、知人から卵かけご飯専用のしょうゆが売られていると聞いた。コクと深みの増す工夫がされたそのしょうゆをかけることで、卵かけご飯はさらにおいしくなるそうだ。

さて、これらの話に共通しているのは化学調味料などによって俺たちの味覚が変わってしまったということだ。作られたおいしさに慣れてしまったということだ。そこには化学調味料や添加物が幅をきかせている。いったい俺たちの食生活の中に、それらはどのぐらい入り込んでいるのだろうか。

40年ぐらい前に、食品添加物の年間摂取量は1人2・7kgと聞かされた。その時にもその多さに驚いたものだが、いまは厚生労働省が安全性と有効性を確認した指定添加物だけでも472品目（2021年1月15日）、これが毎年増えている。日本は世界一の添加物大国だ。環境・食品ジャーナリストの天笠啓祐《あまがさけいすけ》さんによれば、「1人当たり1日約36・5g、年間約13・5kg、生涯で……実に1tも」食品添加物を食べていることになるという。

健康を維持するための塩分量は、1日に10g以下と呼びかけられているのに、化学調味料や添加物のこの量はすごい。それだけの量の反自然物、異物、化合物が体内に入れば、身体だって当然悲鳴を上げるだろう。いまや約2割の家庭で、家族の誰かが食物アレルギーを持っている。

何においしさを感じるか。それが人工的なモノか自然のモノか。そこで何をどう選ぶべきか。頭では分かっている。だけど正直に告白すれば、俺自身も添加物入りの濃厚なカレーやラーメンに目がない。素材そのもののおいしさを楽しめるようになりたいと思うのだが……。

化学の力に完敗とまではいかなくても、負けてしまっている気がするんですよ。困ったことだ。


（2021年5月・第69号）

コメを送る

カエルが鳴き、ツバメが飛びかい、田畑の野花も咲き出した。朝日連峰のブナの若葉が頂をめざしてせり上がる。田植えに向けての慌ただしい農作業の日々が続いている。今年はいつもと比べてずっと雪解けが早い。暑い夏になるのかもしれない。

新型コロナに猛暑が重なる夏が来るか……。それを思うと気分が重くなる。幸い我々の住む地域は、今のところコロナの影響を多くは受けていないが、特に東京、大阪などの大都市圏では日常生活が大きく制限され、窮屈な日々が続いている。それだけではない。経済的な生活苦……というより生活破たんが、ついこの間まで普通に暮らしていた人たちにも広がり始めている。その現実が、一層空気を重くしているように感じる。

俺も参加している置賜百姓交流会では、首都圏や関西の「貧困問題」に取り組む支援団体からのSOSを受け、農家が連携してコメや野菜を届ける取り組みを始めた。新潟や千葉の農家たちも動き出している。我が家では3回に分けて180kgほどのコメを送った。焼け石に水かもしれない。でもやらないわけにはいかない。

そんなこともあり、ここのところコメと野菜をめぐって首都圏の人たちとのやり取りが増え、コロナと生活破たんに関わる情報が頻繁に入ってくるようになった。伝えられてくる「現実」は深刻だ。

ジャーナリストの友人は、「社会の底が抜け、今まであった普通の暮らしと路上生活との境界がなくなったような感じ。誰もがちょっとしたきっかけで止めどなく下に落ちてしまうような」、そんな危機感が広がっているという。

首都圏の「反貧困ネットワーク」の一員として頑張っている知人がいる。昨年春の新型コロナ感染症拡大と緊急事態宣言から1年。急増するSOSにほぼ休む事なく向き合う日々が続いているという。職を失い、家賃を払えず、ネットカフェを転々としたが、もう所持金も底をつき、何日も食事をとっていない。そんなギリギリのところから助けを求める声が日ごとに増えているという。今年の4月の緊急事態宣言後は、特に女性からのSOSが増えているという話だ。

女性労働者の6割近く、若者の3割近くが何の保障もない非正規労働に従事していて、雇い止めなどの影響を直に受けている。そんな中からのSOS。その対応に忙しく走りまわる。彼は、「日本という国は、以前から、弱者が『助けて』といえる社会じゃなかった」、ともいう。

菅義偉首相が生活困窮者対策を問われた際に「わが国には生活保護制度がある」といったが、その前に政策的な手を打つのが政治というものだろう。俺たちのような農家が、都会の街角からの求めに応じて、コメを集めて首都圏に送らなければならないということ自体、政治の不在を示すものだ。他方で農水省が掌握している備蓄米は倉庫にあふれるほどにあるはずなのだから。

救援活動の現場にいる人たちは、首相のいう生活保護ですら、手を差し伸べて欲しい人たちにとっては冷たいという。その象徴が申請する際に行われる扶養照会。自治体が生活保護申請をしている人の親族に連絡をとり、援助が可能かどうかを確認する制度だ。現在の窮乏を「家族に知られたくない」と考える申請者にとって、それは拷問に等しい。それが耐えられない人は申請をためらう。

やっと国も運用を緩め、親族からDVや虐待を受けていたり、10年以上にわたって連絡をとっていなかったり、相続などで対立関係にあったりなどのケースでは照会を控えるようになったという。しかし、支援する側から見ると根本的な問題解決にはなっていない。申請窓口の係の人によっても、ずいぶん対応が違うという。中には助けを求める人を門前払いし、傷口に塩をぬる職員もいて、支援の現場では、「福祉が人を殺す」という言葉すら生まれている。

俺たちや、社会がためされている。どんな社会をつくってきたのか。これから先、どんな人の世を創っていくのか。コロナを通していろいろ考えるところは多い。

さて、農繁期ではあるけれど農家仲間と分担して、食料を届ける運動を広げていかなければと思っている。

今回は強い文章になってしまったが、しかたがない。これから首都圏に送るコメの相談会に行ってくるよ。

（2021年6月・第70号）

鳥たちの悲劇

あまりにもかわいそうだ。鳥たちのことだ。青森でアヒルが1万8000羽、新潟の関川村ではニワトリが31万羽。上越市でもニワトリが24万羽。合わせて約56万余の鳥たちがインフルエンザに感染した疑いがあるとして殺されていく（＊）。冬は始まったばかりだから、この先、まだまだ増え続けていくかもしれない。

数十万羽の殺処分。この事実は重い。本来、歩いたり、走ったり、飛んだりするニワトリたちの自由を奪い、陽が当たらない、風だって受けることのない薄暗い鶏舎の中の、身動きのできないケージの中に彼らを押し込み、ただただ卵を産み続ける機械のような境遇を強いてきた。よく言う話だが、世界中の生き物の中でケージに飼われたニワトリほど不幸な生きものはいないと思っている。金魚鉢の金魚だって、動物園の象だって、自由を奪われていて不幸には違いないが、ここまでではない。

そんな日常の中からは、自然の病原菌に対する抵抗力、免疫力など生まれるわけがないではないか。当然のことながらウイルスに弱く、感染しやすい身体になってしまっている。当たり前のことだ。しかし、ニワトリたちをそのようにしておきながら、感染したら殺処分だという。あまりにも勝手すぎないか。彼らの生き物としての尊厳を全く無視している。我々人間にそんな権利があるのか。

TVで広く映像が流れた。それで日常的に食べている卵の出所が初めてわかったという人も多いに違いない。

「これが1パック100円台の卵の舞台か！　知らなかった……」と複雑な思いを持った人もいるだろう。「気持ち悪くて、あんな卵は食えない」と言い出した人もいたかもしれない。TVを通して、どう見ても幸せそうには見えないニワトリたちの姿が全国に広がった。

しかし、ニワトリをその状態に追い込んでいるのは、ニワトリを不幸な境遇に置くことで人間が幸せになれると思っている価値観だ。でも、本当にそうなのだろうか。生き物たちはそれぞれ別個に存在しているのではなく、それらはつながりの中で生きている。一つの生きものの不幸が回りまわって人間の不幸につながっていく。私にはそう思える。

そんなニワトリにとっての過酷な生活環境を強いて来たのは、1パック100円台に喜ぶ我々だ。

ＥＵでは、２０１２年１月からニワトリをケージで飼うことを禁止したという。すべてを地べたで飼い、歩く自由、飛ぶ自由を保障した。「動物福祉」という考え方が背景にある。いかに経済動物であっても、処理される直前まで、その動物らしい生き方、暮らし方を保障しなければならないとする考え方だ。これはいい。いのちのつながりを前提としたうえで、いい循環を創り出そうとしているのだから。かの国の住民たちは、ニワトリを幸せにすることで高くなった卵の価格をどのように引き受けて来たのだろうか？

日本では、ニワトリの境遇は卵が安ければどうでもいいのか。そうではあるまい。ＥＵのことはわからないが、たぶん日本では、ニワトリが人里離れたところに隔離され、あるいは外国で飼われるようになったことで、普通の人たちが日常的に目にすることがほとんどなくなってしまっていることに原因があると思われる。スーパーに並んでいる卵からは過酷な現実を生きているニワトリのことは想像しにくい。発想がそこまで届かない。

もし、彼らが我々のそばにいたら、あるいは社会見学か何かで彼らの境遇を目にする機会があったなら、穏やかな気持ちで食べることができなかったかもしれない。「人間のやることではない。あのような場所から彼らを解放しよう」などのさまざまな声が生まれていたかもしれない。それがやがてＥＵのように大きな成果につながっていったかもしれない。きっとそうだろう。

鳥インフルエンザに罹ったからと言って、人間には影響がないと言っているのだから食べてあげればいい。食べながら少しでも彼らのことを思ってやることだ。インフルエンザ・フライド・チキンとか、高病原性鶏どんぶりとか、陽性反応チキンカレーとか。いろいろメニューもあろうというものだ。それが彼らをそこまで追い込んだ俺たちの責任というものだろう。

（2017年1月・第17号）

＊数字は2016年（平成28）11月現在のもの。農林水産省の「平成28年度高病原性鳥インフルエンザの国内発生事例について」には、最終的に全9道県12農場で発生し、約166万7000羽が殺処分されている。

キツネに襲われた

真冬の朝の突然の出来事だった。
「大変なことが起こった。すぐに来てみてくれ！」

鶏舎で働いていた息子から急な呼び出しが入り、何事かと思って急いで駆けつけてみると、鶏舎の中で息子が呆然と立っていた。その足元には、たくさんのニワトリたちが死骸となって転がっている。その数はおよそ80羽。我が家のニワトリの1割弱だ。「なんだ、これ！　どうして……」。俺も声を失った。キツネの仕業だ。

これまでにも彼らに襲われたことは幾度もあった。だけど一度にこれだけの羽数がやられたのは初めてのことだ。俺も息子の隣で同じように言葉を失っていた。

「あそこから侵入した」

見れば、鶏舎の高いところの金網が破られている。えっ、あんなところから？　普通ならば決して侵入できない高いところ。

今年は、除雪作業のため雪が踏み固められて高台のようになっている。その高さは190㎝ある私の背丈ほどになっていて、そこを足場に金網を引きちぎって外から侵入したらしい。本来ならばキツネが如何にジャンプしても決して届かないところだ。だから金網にそれほど頑丈なものは使っていなかった。彼らはそんなわずかな隙を見逃さなかった。

もし、これが雪のない季節の出来事ならば、夜中であろうがなかろうが、ニワトリたちの泣き叫ぶ声を聞き、すぐに鶏舎に駆けつけることができる。被害は未然に防ぐこともできたかもしれない。

だが、吹雪に備えて鶏舎をビニールで覆い、さらにその上に雪が包み込むようにかぶさっていることで声や音が外に届かず、やられ放題だったのだろう。キツネたちはそこまで見越していたのかもしれない。奴らならばそう考えても不思議ではない。

犠牲になった80羽のニワトリは、盛んに玉子を産んでいた若鶏だった。経営的には大きな打撃だが、それ以上に表現しようのない脱力感に見まわれた。

襲った背景には、どうにもならない空腹感、飢餓感があったに違いない。極寒の中、切羽詰まってもいただろう。だから襲うなとは言わない。彼らも生きなければならなかったのだ。ニワトリたちがやられたのは油断したこっちが悪い。全て食べられてしまったのならばこのように納得もいくだろう。

だけど、2～3羽ぐらいは持って行ったかもしれないが、多くはただ殺されただけだった。これは単純な殺戮《さつりく》としか言いようがない。食べる以上の無意味な殺生はしない。これは自然界の摂理のはずではなかったか。だがキツネは青臭い人間のそんな思いを木っ端みじんに打ち砕いていった。

どこにもつながっていかないニワトリたちの無駄な死だけが残った。俺の脱力感はそんなところに起因していた。

早急に助っ人を頼み、鶏舎の周りに頑丈な防御柵を施したこともあって、その後、襲われた形跡はまだないが、彼らは依然、空腹状態にあるに違いない。油断できない日々が続いている。

ところで、小鳥やほかの生き物たちは、どのように空腹を満たしているのだろうか。この冬、何を食べてしのいでいるのかと思っていたらこんな光景に出合った。

吹雪の朝、鶏舎の中からにぎやかな小鳥の声が聞こえてくる。近づいてみると、ニワトリと雀たちが仲良く餌を食べているではないか。いつもならば雀が餌に近づくだけで「あっちに行け」とばかりに追い出すニワトリたちだが、酷寒の吹雪のこの日は違っていた。

そこで思わず浮かんだ一首がこれ。

ニワトリと　雀が餌を　分けあっている
吹雪の鶏舎《こや》の　如月《きさらぎ》の朝

歌心の全くない俺の、即席の一首だ。

キツネの世界と餌を分け合う鳥たちの世界。いずれも酷寒の中、必死に生きようとする世界だ。それぞれが厳しさに耐えながら春を待っている。


（2018年4月・第32号）

地元の微生物

我が家では1000羽のニワトリたちを大地の上で飼っている。健康でおいしい玉子を得るためだ。

ある日、鶏舎から外に出たニワトリたちをぼんやり眺めていたら、土を突っつき泥水をすすっていることに気がついた。鶏舎の中にはエサがあるし、きれいな地下水だって絶え間なく注いでいるのに何を求めてのことなのだろうか。

俺はニワトリたちに、「石川県の菌」で発酵させたエサを与えていた。鶏舎の外にあるのは「山形県の菌」、エサとして身体に入るのは「石川県の菌」。こんなミスマッチは自然界にはありえない。

ニワトリたちはこれを是正するために、地元微生物の塊である土を体内に取り込もうとしていたのではないか。俺はそう考えた。

俺の考えたこの仮説を分かってもらうには前置きが必要となる。まず土の中の微生物。わずか1gの肥えた土の中に十数億個もの微生物が存在しているという。その働きは多岐にわたる。その世界は浅学の身でとても説明できるものではない。

例えば、森の木の根本で息絶えたウサギが、鳥や獣に食べられたわけではないのに、いつしか溶けるように小さくなり、消えていく。それは微生物たちの働きによるものだ。このことは俺にも分かる。

人間の身体の中にいる微生物の働きも大きい。食べた物が胃から腸に送られ、やがて分解されて養分となり、身体に吸収されていく。これは誰でも知っているが、この工程にもたくさんの微生物が関与していて、彼らの助けがなければ食べた物を取り込むことができない。微生物の助けを借り、養分を吸収するという点では植物も動物も人も同じ。彼らがいなければ、いずれも存在できない。

俺は身体の中の微生物のすさまじい数をウンコを通して知った。いいか、聞いて驚くな。さっき1gの土の中の微生物の数を十数億と言ったが、ウンコはそんなものじゃない。わずか1gの中に1兆個も含まれているのだ。1日500gのウンコをしたとすれば、その500倍の微生物（腸内細菌）が体外へと排泄されることになる。

だからといってあわてる必要はない。体外から、あるいは自己増殖で、排泄された分は毎日補われているのだから。微生物が出たり入ったり……人体を巡っているということだ。

彼らはいつ身体の中に入ってくるのだろうか。このことについて、以前NHKのテレビ番組がこんな趣旨の放送をしていた。

「人間の赤ちゃんが生まれ出た時は無菌状態。しかし、外界に出たとたんに空気中から、あるいは母親の皮膚や、あるいはあらゆるものを通して、体内に侵入し、わずか3日ぐらいの間に生きるのに必要な微生物が全て揃う。そしてその日以来、ずっと人間の生命活動の一端を担ってくれる」という。

この微生物だが、全国どこでも同じというわけではないらしい。植物や動物たちがそうであるように、微生物も気候条件によって微妙に棲み分けている。

身体の中でも、雪国の俺の中に棲んでいる微生物と、温暖な地方に住んでいる人の微生物とでは、決して同じではない。

こんな話があった。タイから来日し、俺のところに長く生活していた農民の友人と久しぶりにタイで再会した。彼の話によると、タイに帰った後、下痢が続いてどうしようもなかったという。

「日本の菅野のところで長く暮らしていたので、タイ人の俺も菅野のところの微生物の身体になってしまっていたんだ。下痢はタイの農村に帰ってきてから始まった。そして日本の微生物からタイの微生物に置き換えられるまでの出来事だったよ」

この話は地域と微生物と身体の関係を表していて面白い。

有機農業に「身土不二《しんどふじ》」という言葉がある。もともとは仏教からきた言葉だそうだが、身と土（自然）は一つであるということだ。つまり、人間はその地域の自然の一部で、その自然と調和して生きることが大切だと教えている。この言葉の字面だけを見ると分かりにくいが、微生物を通して考えればよく分かる。

さあ、お分かりいただけただろうか。俺がニワトリたちが土を突っつき泥水をすすっているのを見て、さっそく「石川県の菌」をやめ、「地元の菌」でエサを発酵させた背景を。俺はいま、地元の山から土をとってきて、エサを発酵させている。だからいまはニワトリたちは内も外も山形県。スズメやヤマドリたちと同じように、地元の自然の一部として大地の上を遊びまわっている。

（２０１９年1月・第41号）

ケージからの解放

雪解けが進み、田んぼに白鳥たちが戻って来た。雪がある間は落穂や藻を食べることができない。そのため雪のない地方に移動して雪解けを待っていた。

何しろ白鳥たちは3月中に充分な体力をつけて、シベリアへ向かう４０００㎞の旅に備えなければならないのだから大変だ。なんてったって４０００㎞だよ。東京〜山形間は約４００㎞。あの重たそうな身体で、その10倍の距離を飛んでいくのだから容易ではない。まぁ、言ってみたら命がけの旅が彼らを待っている。そのために雪解けが始まると同時に、田んぼに出て食べものを探す。大仕事を前にしてはいるが、そんな彼らを見ているとどこか幸せそうだ。

我が家にもたくさんの鳥たちがいる。安全でおいしい玉子を産むために、大地の上で放し飼いにしているニワトリたちだ。その数はおよそ1000羽。彼らは白鳥と違い、4000㎞を旅することはない。それでも鶏舎の外に出て、羽を思い切り広げながら大地の上を走り回りたいに違いない。今は雪に包囲されて、4面金網の中で暮らしているが、自由に飛び回れる春はもうすぐそこだ。のどかな春が彼らを待っている。

というわけで、今回の主人公は鳥。それものびやかに生きる白鳥や、ま、幸せそうに暮らしている我が家のニワトリではなく、ケージ（鳥かごを重ねるバタリーケージ）に入れられたニワトリの話だ。これまでも何度か書いたが、あまりにも悲しい鳥たちなので繰り返し取り上げる。書くことで少しでも彼らの救済につながればいいと思ってのことだ。

2014年の調査では、日本で飼育されているニワトリの92％以上（＊）がこのケージ飼いだ。日本人が普通に食べている卵、スーパーから買ってくる卵は全部これ。「森のたまご」であろうが「ヨード卵・光」であろうが、いまは全部これ。ひとたびケージに入れられたら最後、彼らは羽を広げることも歩くこともできない。そこには金魚鉢の金魚ほどの自由もない。

想像してほしい。狭いケージにギュウギュウに詰められ、常に両脇に隣人の体温を感じ、身動きひとつできずに暮らす毎日を。おそらく世界中の生き物の中で、最も自由を奪われているのが彼らだ。生きること自体が地獄。叫びたくなるような過酷な日々。実際に泣いてもいよう。叫んでもいよう。私なら1日だって耐えられない。

生産効率が何よりも優先された飼育方法の行きついた先がこれだ。過密状態で大量に飼育される「工場」の中で、ニワトリたちは苦しみ、もがき、絶望しながら短い一生を終える。EU（欧州連合）では、すでにこのバタリーケージ飼い養鶏は禁止となっている。それは「動物福祉」という考え方からきている。アメリカでも6つの州で禁止の方向が決まり、その輪は年ごとに拡大している。

ここに国際的に認められている動物福祉の「5つの自由」をあげてみよう。

1　飢えと渇きからの自由
2　不快からの自由
3　痛み・傷害・病気からの自由
4　恐怖や抑圧からの自由
5　正常な行動を表現する自由

経済動物ではあるけれど、処理される直前までその動物らしい暮らしが約束される。その尊厳が守られる。そのための「5つの自由」だ。その自由がまったくない不幸な彼らをなんとか救う手立てはないものか。

まず、その実態を映像で見てほしい。「ニワトリ、動物福祉、動画」で検索すれば彼らのリアルな日常を見ることができる。これが「安い卵」の背景にある現実だ。

それらを見ながら俺も考えた。これはニワトリだけの境遇ではないなと。われわれ日本の農民もまた、この「経済効率」で潰されかけている。そして日本に住む多くの人々の上に重くのしかかるのも、この「経済効率のモノサシ」から来る現実だ。

あまり大きなことは言えないが、ニワトリたちを企業養鶏から救済するだけでなく、「経済効率のモノサシ」自体を問い直すことが必要だろう。そうしないとニワトリ同様、われわれにとってもまた「生きていく幸せ」を実感できる世の中にはならない。

その手始めは、ケージに入れられたニワトリの卵を買わないことだ。そしてスーパーに「動物福祉」にのっとったニワトリの卵が欲しいと働きかけること。大きな話から急に小さな話になったけど、そこから少しずつ社会のモノサシを変えていくことだろうな。

（2019年4月・第44号）

＊農林水産省の資料によれば、2021年の民間団体（IEC）による調査では、日本でのケージ飼いの割合は94・3％。さらに増えていることが分かる。

よし、ニワトリを飼おう

寒くなってきた。我が家の裏にそびえる朝日連峰の頂も白くなっている。山の木々たちは急いで葉を落とし始めた。雪の重みで枝が裂けてしまわないようにという彼らなりの冬支度なのかな。風景はカラフルな秋から白と黒の世界へと変わりつつある。

草原を踏みながら自由を満喫していた菅野農園のニワトリたちだが、冬の暮らしはそうはいかない。当地は1・3m前後の雪が積もる豪雪地帯だ。世界は雪で閉ざされてしまう。何もしなければ、鶏舎の中にも吹雪が舞い込み、一晩で隅々まで雪だらけ。そうなったら悲惨だ。ニワトリたちは寒さと冷たさで震え上がり、玉子を産むどころではなくなってしまう。そうならないように鶏舎をビニールで覆う。外に出るには春を待たなければならない。もっとも、扉を開けても雪の外界には決して出ようとはしないけどね。

10坪あたりに80〜100羽。密飼いにならないよう十分なスペースを確保してはいるものの、大地の上で暮らしているのと比べたらはるかに不自由だ。だが、それも仕方がない。それでも鶏舎の中で駆けっこをしたり、遊んだりと、元気に過ごしている。

さて、今回はあなたもニワトリを飼ってみませんかという話です。都会ではなかなか難しいけれど、まちから少し離れたところなら簡単に飼えちゃいますよ。

たかがニワトリ、されどニワトリ。扉の向こうではあなたが今まで経験したことのない……などと言えば大げさですが、魅力的な暮らしが待っています。

まず、新鮮で安全な玉子が毎日のように手に入ります。もしあなたの家庭に子どもがいたなら、喜んでニワトリの世話をするでしょう。とはいっても、玉子を取るぐらいのことしかありませんが。

毎日、「今日はこれだけ産んでいたよ」って嬉しそうに家の中に駆け込んでくる暮らし……いいですね。ニワトリと一緒ののどかな暮らしが始まります。庭先に常にゆっくりとエサをついばむニワトリがいる。それだけで、充分に農的な風景です。風情がありますね。

オンドリは「コケッコッコー」と鳴きますがメンドリは鳴きません。鬨《とき》を告げるのはオンドリ。メンドリはコッコッと小さな声を出す程度。本来ならオンドリも一緒に飼いたいところですが、環境が許さなければ、メンドリだけでも仕方ありません。そっと近寄っても決して逃げません。それどころかカラダをすり寄せてきます。可愛いですよ。

あなたの家庭の生ごみはほとんど全てがニワトリのエサになります。人間が食べ残したもので、ニワトリが食えないものは何もありません。すべて無駄なくニワトリたちのお腹におさまります。

もし、あなたの所に小さな自給菜園があれば、ニワトリたちの出す鶏糞《けいふん》は素晴らしい肥料になります。それが花壇でも、花の勢いが違ってきます。そして草やクズ野菜はニワトリのエサに。

ニワトリを数羽飼うだけで無駄のない暮らしが生まれます。ニワトリを中心とした小さな循環社会が成立します。

そして最後にはこのニワトリ。おいしい肉となってあなたの食卓を満たしてくれるでしょう。おいしくいただくコツはニワトリに名前を付けないこと。ゆめゆめ昔好きだった人の名前などを付けてはいけません。食べられなくなります。いや、ホントに。

「そんな暮らしには多少のあこがれはあるけれど、俺には無理だよ」というあなた。あなたはきっと難しく考えているのではないですか？　な〜に簡単ですよ。まず、ニワトリと家族と自分とが楽しげに暮らしている光景を思い浮かべてみてください。それが最初。それを一日に数回イメージする。できたら口に出して言ってみる。そんなことをやっているうちに、やがてきっと「よし、ニワトリを飼おう。ついにその時期がきた」となること請け合いです。

それとニワトリを飼うための知識は最低限必要でしょう。まず『自然卵養鶏法』（中島正著、農山漁村文化協会）をお読みください。次に『玉子と土といのちと』（菅野芳秀著、創森社）も。

ここが肝心ですぞ。自分で言うのもナンですが、この本はいい本です。ニワトリを通した優れた文化論とでも言いますかねぇ。なかなかのモノです。ウン。
さあ、あとはあなたの踏ん切り次第です。

（2020年1月・第53号）

キヨシくんを好きなメンドリたち

大地の上で（ちょっと大げさだが）ニワトリを飼うようになってから40年ほどになる。その間、ニワトリたちとのいろんな出来事があった。それらのほとんどは飼ってみなければ分からない。

ワクワクするような出来事。えぇぇっと驚く新発見。彼らの行いに感動し、人間の方が恥ずかしくなってしまうような事。まさかぁ、そんなことってホントにあるのかいっていう理解の範疇を超える話。君たちが素晴らしいって思わず口にするような事。さらに、胸が熱くなる出来事の数々。そんなことが毎日のように起こる、とても刺激的な日々だ。それらの多くをエッセイ風に書き留め、『玉子と土といのちと』で紹介したが、その後にも興味深い小さな出来事が続いている。今回ご紹介するのは、そんな中のオンドリに関する小さなエピソードだ。

我が家は1000羽を一群にして、1000羽のニワトリを飼っている。そして、その一群100羽の中に1羽だけオンドリを入れている。時々鶏舎の中に入って来るイタチや猫への備えと、もう一つ、メンドリの精神的安定のためだ。実際、オンドリの入らない群れと、1羽でも入っている群れとではメンドリたちの落ち着き具合が違う。オンドリが入れば、メンドリたちは小さなことでは騒がなくなっていくのだから面白い。「ツンッ」とすましている。それを我々の思春期、高校時代に置き換えて考えると、なんとなく分かるような気がする。メンドリたちはオンドリを異性として意識しているのだ。そうとしか思えない。

鶏舎の中に入ると、この俺はオンドリにとっては顔見知りのはずなのだが、時々キックの洗礼を受けることがある。プロレスの飛び蹴りのようにいきなり攻撃してくるのだ。彼からしたら俺は平和な縄張りを侵す侵入者らしい。2度、3度……。けっこう痛い。オイオイ、相手が違うぞ。俺は猫やイタチの類ではない。エサをやる、いわばお前たちの仲間ではないか。多くのオンドリはそこの区別がつくのだが、中には何に腹を立てているのか、それを無視して向かってくる奴がいる。痛い！　やめろ！　痛い。

相手は執拗だ。だからといって逃げ出すわけにはいかない。彼が人間との闘いに「勝った」と思ったならば、この先、彼にとって人間は特別な存在ではなくなり、次も、その次も人間に向かってキックの洗礼を浴びせてくるだろう。ここは反撃が必要だ。私も逃げず、足のキックをかます。当然彼もさらに反撃を加えてくる。キックの応酬だ。こんなやり取りを2~3度繰り返すと、彼はかなわないと思ってか逃げ出していく。

闘いはそれで終わり。俺は追いかけてまで闘おうとは思わない。オンドリにも感情的なしこりはないようだ。翌朝、彼と顔を合わせても、何事もなかったかのように、悠然と俺のわきを通りすぎて行く。

キヨシくんという友人がいる。彼は農繁期などにときどき玉子をとったりエサをやったりと、鶏舎の中に入って仕事を手伝ってくれる。面白いことに、彼が鶏舎に入るときまってメンドリたちが数羽、彼の傍に寄ってきて身体をスリスリし、交尾をせがむ。

彼にしたってそんなポーズをとられたとしても、何かできるわけでもなく、放っておくしかないのだ。けれど、でも、そんなメンドリたちを見ている彼の表情が（何を勘違いしているのか）、どこかうれしそうなのが、なんとも理解しがたいところだ。

そこに現れるのが、群れの中に1羽だけいる例のオンドリくん。女性の心を奪われてたまるか（たぶん）と、恋敵のキヨシくんにキックで闘いを挑んでくる。彼の場合は俺と違って、ワーワー言いながら身をかわし、鶏舎の外に逃げ出していくのだが、慣れないことゆえ、それも仕方ない。それにしてもキヨシくんがなぜ、メンドリたちにモテるのかは大きな謎だ。彼は65歳で当村のごく普通の農民だ。俺が見るところ、別に優しそうな雰囲気を持っているわけではないのだけれど、メンドリにしか分からない特別のフェロモンを出しているのかもしれない。

そろそろ春が来る。ニワトリたちと野原と人間と……。また面白い日々の幕開けだ。


（2020年4月・第56号）

やわらかな空気

我が家のすぐ後ろに連なる朝日連峰の頂が、何度か白くなっている。全てが純白に覆われる雪の季節はもうすぐだ。

さて、田園は四季の変化に伴って色合いも、生み出す音も変わっていくが、いまは白に向かう季節。葉を落とした林を抜ける北風の音がどこか淋しい。俺は農作業のあい間、村や田んぼやニワトリたちがつくり出す季節感ある風景や音を、暮らしの中に取り入れ、その組み合わせを楽しんできた。

例えば、緑の水田の中で聴く流れる水の音とオカリナのコラボレーション。あるいは、水田を渡る風の波と近所の農民が唄う民謡。村には芸達者が多い。沈みゆく夕陽を肴に、酒を酌み交わす田園のひとときも良い。これから書くのもそのひとコマだ。

きっかけは友人の大工に頼んで鶏舎を一棟建ててもらったことだ。我が家では、ニワトリたちをローテーションに従って鶏舎の外の草地に放している。草地で遊ぶニワトリたちはただ眺めているだけで楽しいが、そんなニワトリたちが産んだ玉子なら食べたいと、声をかけてくれる人が年々増えている。出来上がった鶏舎を眺めているうちに「落成を祝う会」をやろうということになった。

さわやかな初秋のある日、玉子を介した友人たちに、一緒に和やかなひとときを過ごそうと呼びかけた。

「来る日曜日、我が家の鶏舎の前にてささやかな野外酒宴をもちます。会費は1000円ですが、一品持ち寄りできる方、お酒を持参される方はお金はいりません。一品とは言っても何でもいいんです。その辺の雑草をむしってさっとゆがいたものとか……、ほんとに何でもいいんですよ。我が家で準備できるものは俺が握ったおにぎり、自慢のたまご焼き、それに少しの飲み物ぐらいです。だから……お気楽においでください」

急な思いつきの、急な案内にもかかわらず20人ぐらいの人たちが、さまざまな手作りの食べ物を持って集まってくれた。

野菜のおひたし、フキやタケノコの煮物、ワラビの醤油煮、野菜とキノコの辛味和え、ギョーザ、玉コンニャク……。鶏舎の前の樹の下にシートを敷き、手作りのご馳走を並べた。それらをいただきながら、小さなパーティーが始まった。どの料理もおいしい。俺が作ったものも好評だ。テーブルを囲んで、初めて会った人同士が談笑している。

9月の澄んだ青空に白い雲。緑いっぱいの樹の下に木洩れ日がそそぎ、さわやかな風が頬をなでる。コッコッコッコッと草の上で遊ぶニワトリたちの穏やかな声を聞きながら、気持ちのいい時間が流れていく。前に広がる水田では、稲刈り前の若い穂がさわやかな香りを放ちながら揺れている。

「孫にね、ニワトリを見せたくて連れてきました。さっきからずっとニワトリを見てます。近くにニワトリっていなくなったものねぇ」

「私はここのところ家の外には出られなかったんです。他人と会いたくなかった。でも、今日は来てよかった」

「高校生の息子がね。学校をやめて農業したいというんです。ニワトリを飼ってみたいって。だから一緒に来ました。それもいいかなって」

「全部の田んぼを無農薬でやってました。草とりが本当に大変でね。でも、もう歳だし、来年はそこまで無理するのはやめようかと話し合っているんですよ」

みんなが素直に自分を語っている。農民も、パート勤めのお母さんも、大工さんも、幼稚園の先生も、お坊さんも、学校の先生も……。いま、ここにいることが本当にしあわせだと思えるような時間。やわらかな空気が静かに流れる田園のひととき。

だからどうしたのと聞かれると困るんだ。ただそれだけのことなのだから。でもね、それがとっても温かくてさ、ありがたくてよ。なんか生きててよかったなぁって思えるんだ。ただそれだけのことなんだけどね……。

農業を生産物の取引だけで語ったのでは、その深さ、面白さ、豊かさが分からない。農家の暮らしもそうだ。所得の多寡だけでは決して見えない世界がある。そしてね、その世界こそ「農」の魅力なんだよな。

（2021年1月・第65号）

第四章　百姓はやめられない

我が家は農業機械を更新できるのか？

昨日、コンバインの整備代金の見積もりと、新しい機械を紹介するカタログを持って農業機械屋のムラさんがやって来た。見たらコンバインの整備代金が90万円。勧められた新しいコンバインがなんと500万円。コンバインとは田んぼの中を走る稲刈り機械のこと。前に刃がついていて茎ごと刈り取り、瞬時に脱穀し、もみはタンクに、茎を小さく切断して田んぼにバラまいていく、そんな機械だ。足回りはキャタピラーでできている。

「エーッそんなの無理だ！　毎年、絶望的に安い米代金が続いているのに、そんなお金があるわけがない」と思わず叫んでいた。

昨年の秋は雨続き。稲刈りには最悪の環境だった。田んぼがぬかるんでコンバインが動けない。足回りはキャタピラーだからぬかるみには強いのだが、それでも田んぼのあっちこっちで立ち往生している姿を見かけた。機械が壊れたとの話も聞いた。我が家でも故障を起こし、田んぼまで何度かムラさんに来てもらっていた。なにせ、3条刈り（田んぼの条は列のこと。3条刈りは3列分の稲穂を一度に刈るコンバイン）を中古で手に入れたのが10年ほど前。以来、丁寧に使ってきたとはいえ、そろそろ故障が出てもおかしくない頃だ。今年は何とか稲刈りを終えたが、きっと機械には多くの不具合があるだろう。

そこで来年に備えて機械屋に点検と整備した場合の見積もりを頼んでいた。あえて修理ではなく、見積もりとしたのには訳がある。安く収まればいいが、もしも高い修理代となった場合、この機械は高額の修理に値しないのかもしれない、すでに寿命が来ているのかもしれないとの考えがあったからだ。

コンバインの1日の稼働時間はせいぜい6時間。もみ乾燥機の容量もあり、それを面積に置き換えれば40ａ（１００ｍ×40ｍ）。我が家の場合、年間稼働日数は11日間で足りる。実際には1カ月近く掛かるのだが、あくまで稼働日数を言えばこんなもんだ。10年間で１１０日。もしここで廃棄となれば、１３０万円で買った中古のコンバインの寿命が10年で尽きたということになる。高額の割には稼働期間が短い。だからと言って機械の共同化はやりにくい。稲も作物、刈り取りには適期があり、またお天気にも左右されやすいので刈りたい時が重なるからだ。

「菅野さん、ここはよ〜く考えてくださいよ。90万円かけて整備する価値があるかどうか。古い機械だから、部品がそろそろ切れる頃でもあるしな」とムラさん。

我が家には3つの選択肢が準備されているというわけだ。90万円で修理を行い、なお古いコンバインを使い続けるか。または新しい機械を５００万円で買うか。あるいはもう一度中古のコンバインを探してくるかだ。

ムラさんは「古いコンバインは論外だ。中古も当たりはずれがあって勧めない。菅野さんには若い後継者がいるのだから、やっぱりここは新しく買った方がいいと思うよ」と言う。機械屋が新しいコンバインを買えというのは当然だろうが、そうはいかない現実があるんだよなぁ。

２０１６年のＪＡへの売り渡し価格は1俵（玄米60kg）で1万３０００円前後だ。だけどその生産費は1万４０００円ぐらい掛かっている。農水省東北農政局が言っているのだから間違いはない。生産原価を割って販売する状態がすでに10年以上続いていて、産業としてはまったく成立していないのだ。稲を刈るだけの５００万円もする機械など、とても買える状態にはない。もし、俺に後継者がいなければ稲作はここで終わりだろう。残りの機械をすべて売りに出して、販売農家としては廃業する道を選ばざるを得ないだろう。

だが、幸か不幸か、我が家には、殺菌剤ゼロ、殺虫剤ゼロ、化学肥料ゼロを基本とした稲作に情熱を燃やし、消費者の台所と直につながることで何とかこの苦境を乗り越えようとする若い後継者がいる。息子だ。そのような道を歩もうとしているからと言って決して先が明るいわけではない。５００万円は重すぎる投資なのだ。悩ましい現実が続く。

（２０１７年2月・第18号）

緊張の種まき

田植えを前に、農繁期も佳境だ、稲作はやり直しの利かない仕事の連続。一つの工程が失敗したからといって、種をまくところからやり直そうとしても間に合わない。時季外れの苗はコメにならずに終わってしまうだろう。一つひとつが真剣勝負。コメづくりはそんな工程の連続だ。種まきはその始まり。緊張する。

早朝、道路近くで種まきの準備をしていたら、俺より少し年上の人が散歩しながら近づいて来て親しそうに話しかけてきた。

花粉症対策なのだろうか、その人はマスクをして、おまけに帽子をかぶっていて誰なのかがわからない。しばらく軽く話を合わせた後で、「どなたでしたっけ?」と尋ねた。

「えっ、俺がわからないか？　俺だよ、俺！」

彼は笑いながらマスクをはずした。

「あぁ、な～んだ。ようやくわかりましたよ。マスクだし、帽子だし……、どなたなのかが全くわかりませんでしたよ。散歩ですか?」（と方言で）

「うん、ここのところ足腰が弱ってきているのでな。歩けなくなったら困るからさ」（これも方言で）

そう言って彼はマスクを着け直し、帽子をかぶり直して歩いて行った。彼の背中を見ながら俺は……、はて……誰だっけ？　こんなことが最近増えてきた。

年齢のことを言えば、67歳は日本農民の平均年齢で、わが集落の農家の中でも中間層だ。若手のホープとまではいかないが、まだまだ現役の世代ではある。

俺が農家の後継者として農業に就いたのは26歳の時だったから、早いもので40年の歳月が経ったことになる。つまり40回のコメづくりの経験をしたということだ。ベテランと言うには40回の経験は多いのか少ないのかはわからないが、基本的なところでの失敗はしないぐらいの領域には到達できている。そのはずだった。

ところがこの春、その俺が基本のキの字のところで大きな失敗をしでかしてしまい、大切な苗を枯らしてしまった。苗の箱は全部で１０５０枚。すべて枯れてしまったわけではないけれど、かなりの部分で苗に障害が出てしまっている。その枚数はおおよそ２００枚。

原因はビニールハウスのなかの水不足だった。朝、しっかりと水をかけなければならないところ、まだ芽が出て数日だから、葉からの蒸散も少ないだろうし、曇り空でもあるしと、サッと水をかけてほかの用事に出かけてしまっていた。その後の晴天。ハウスの中は予想外の高温となり……。

息子は「ちゃんと水をかけたのか？」と聞いてくる。

「昔は水田の中に水を張り、苗を育てたぐらいなのだから、水があって失敗したということとはないはずだ。失敗は常に水不足から発生するのだよ」

この上からの、ある種、教訓を含んだような言葉は俺のものではない。息子の言葉だ。俺はといえば、ただ黙って聞いていた。情けない。

「もし、苗が余ったならば我が家にわけてくれないか」

今から種のまき直しはできない。被害が出た箱でも部分的には使えるが、それでも足りないかもしれないということで同じ品種をつくっている友人たちに電話をかけて頼んだ。

「どうした？」

「うん、枯らしてしまった」

「へぇー、そうかぁ。わかったけど……」

向こうは言葉をのみ込んでくれている。それが言外にわかるだけに、同じ農民として恥ずかしい。でも、今はそんなことを言っている場合じゃない。長年の百姓仲間、全員が「わかった。回すよ」と言ってくれて、何とか乗り越えられそうだ。そして、すごいことに、一見枯れたように見えた苗が、日々少しずつ成長しているように見える。もしかしたら助かるかもしれない。

齢を重ねることでよく聞くことは、記憶力が落ちるということだ。「あの人は誰だっけ？」というのもそれかもしれないが、今回の失敗は加齢によるものではない。そんなことを言ったら、70代、80代であってもなお一線でバリバリ働いている同僚農家に申し訳ない。

原因ははっきりしていて、地域のさまざまな課題に応えようとして、俺の心が苗から離れ、別のところにいっていたということだ。

「私も頑張るよ。だけどもっと真剣に私に向き合ってよ」と苗が言っているかのようだ。悪かったよ。ごめんな。

（２０１７年6月・第22号）

赤茶けた畦畔

ようやく田植えが終わった。３月下旬の雪解けとともに始まった農繁期。その間に桜が咲いて、散って。連休などというものがあって、終わって。山吹やつつじの花が咲いて、散って。母親が96歳から97歳になって……。ありがたいことにいまも元気だけれど。ツバメがやってきて、ヒナをかえして……。

そして肝心の種もみが芽を出し、成長し、苗となって田んぼに植えられ、田植えが終わった。今はあれほどあった朝日連峰の山々の残雪もすっかり姿を消し、いつの間にか濃い緑になっていて、一面に広がる淡い緑色の早苗田《さなえだ》とのいい組み合わせとなっている。田の畦《あぜ》にはハルジオン、忘れな草、オオイヌノフグリ、ジシバリなどの色とりどりの野花が咲き誇り、いま田園は美しい。

ところが近年、そんな緑の風景の中に赤茶けた異様な光景が目につくようになった。田んぼは、苗が植えられている本田と、田と田を仕切る畦でできている。赤茶けているのは畦だ。畦の草という草が枯れているのだ。原因は除草剤。新緑の春なのに……と、見る者の心を荒ませる。

畦は土でできているので崩れやすい。四面が水に囲まれているから、なおさらだ。それを崩壊から守っているのは、意外かもしれないが草たちだ。葉や茎は風雨が畦を直に叩くことから守り、その根は土をつなぐことでその崩壊を防いでいる。この草があることで、畦が水を蓄え、人がその上を歩いて農作業を続けることができる。これらのことは、農民ならば誰でも知っていることだ。床屋さんが散髪するように畦草も刈るものであって、根から枯らしてしまうものではない。

除草剤が撒かれた畦は、土と小石がむき出しになっている。こんなことを続けていたら、やがて畦畔《けいはん》は崩れだすだろう。それでもこの光景は、年々広がる傾向にあるのだから切ない。

この広がりの背景には、高齢化により草刈り作業が辛くなっている農家の実情もあるが、それよりも何倍も大きいのは一農家あたりの耕作面積の拡大がある。草を刈りきれないのだ。管理能力を超えた規模拡大と、少しでも手間を省く選択としての除草剤。

農民をこのように追い立てるものは、ＴＰＰに象徴されるグローバリズムを背景に、農業を「成長産業」と位置付け、小さい農家の離農を進めながら、大規模農家・生産法人・企業の参入を促進しようとする政策がある。

米価もいまから40年前の価格まで下がり、とても経営としてはやっていけない。小さな農家はコメづくりから、やがて農業そのものから離れていった。水田は残された農家にどんどん集まっていった。その農家が断れば、水田は荒地に戻っていく。残った農家はそれがわかるだけに無理を重ねて引き受けようとしてきた。

そんな中での除草剤だ。その政策によって生み出されたのは、赤茶けた畦畔だけではない。大規模化にともない、農法は化学肥料と農薬に一層依存するようになった。農法の省力化が進み、環境政策の後退がもたらされている。さらに、その農家が倒れたならば村にその代わりはないという状態の中にある。生産基盤がとても危うい。どうなっていくのだろう。枯れた草はそんな明日の不安も暗示させる。

ま、明日のことを心配するよりも、急場をしのぐことが先で、足元に火がつこうが目をつぶってやり過ごすしかない。今だけでも切り抜けられるならば……ということだろう。日本では農業政策だけでなく、ほとんどがこんなモノサシの中にあるのだから、これも仕方ないという考えもわからないではない。

でもな、農業だけでもその流れから外れなければと思うんだよ。少しでもこの風潮に抗っていきたい。畦畔の草は刈り取っていこう。大げさに聞こえるかもしれないが、そこに農業の未来だけでなく、いのちの世界の可能性が広がっているように思えるからだ。そう思う者がまず率先して草を刈り、この美しい田園風景を守っていくことだ。本気でそう思うよ。

（2016年7月・第11号）

コメの大量在庫

新型コロナウイルスが席巻した2020年5月、6月は、俺にとって決して悪い月ではなかった。それどころか、むしろ意義深い期間だったとすら言える。というのは……。

「この時期になって大変申し訳ないのですが、（約束した）お米をいつ購入できるかわかりません。……もし、ほかに納入先があればお売り頂けると幸いです」

契約していた首都圏の弁当屋さんから、突然こんなメールが飛び込んで来たのは5月初旬のことだった。約束のコメの量は3000～4000kg。小さな循環型農業を営む菅野農園にとって、大きな打撃となる量だ。

この一報が入る直前までは、苗や苗代の水管理のこと、もっと先の田植えのことなどに気を取られていたのだけど、このメールで風景が一変した。コメの大量在庫をどうするかで、頭の中はいっぱいになってしまった。

新米の時期ならいかようにもなるだろうが、今は5月（当時）。すでに多くの消費者は、知り合いの農家や産地と契約を結んでしまった後だろう。今から売り先を探しても、なかなか見つかるものではない。もっと早く連絡くれたなら……。しかし、彼らもコロナ禍の中で、ギリギリまで頑張ったのだろうから仕方ない話だ。何とか新米の出る10月前までに売り切らなければ。そう思いながら慣れないパソコンを操り、フェイスブックの友人たちに窮状を呼びかけた。

「多くの方々にはなじみの農家、お米屋さん、お願いしている生協があり、それぞれに長いお付き合いがあることは知っています。だから決して無理をしないでください。これは〝友だち〟リトマス試験紙ではありませんので。ご迷惑をおかけします。もし、購入をご検討いただければありがたいです」

連日、遅くまでパソコンにむかった。わが家は101歳の母と共に暮らしている。母は心細いからか、夜中でも隣で寝ている俺を起こす。毎晩続く睡眠不足と農繁期と難題……。

その日も朝早く起きてパソコンを開いたが、前の晩にやったことが思い出せない、続きの作業ができない。どうしたんだろう。疲れてはいたが、こんなことは初めてのことだ。さて……、と思っているうちに意識がスッと遠のいた。

気がついたら病院のベッドの上だった。倒れた原因は2年半ほど前に患った病気の後遺症だそうだ。睡眠不足などの強度のストレスが引き金になったとのこと。医師から再発防止の注意点を聞き、4日ほどで退院することができた。

帰宅し、パソコンを開いてびっくり。沖縄から北海道に至る、文字通り、全国各地からコメの注文と応援メッセージが殺到していた。合算すれば、行き先をなくしていたコメ3000kgをゆうに超えるほどの量だ。

「菅野さんの投稿を遡って拝見しました。農や種のことを一生懸命考えられて、大地や食を守ろうとされていることを知りました。私もお米をご注文することで応援したい」「障害当事者たちと地域の小さなお店で働いていますが、今は泣く泣く自宅待機をしてもらうしかない状況です。また一緒に働けるまで、お店を残しておけるよう頑張るつもりです」「東京で生活が厳しくなっている人たちの支援をしている団体にお米を寄付したいと思っています。また大変な時に頑張っておられる生産者の方を自分のできることで応援したい」

先の弁当屋さん自身も、菅野農園のコメの購入を方々へ働きかけてくれたことを知った。

さらに、安心できるコメを食べたい、食べさせたいという思いを持つ方々と、幅広くつながることもできた。

人生、良いことばかりではないように、悪いことばかりでもない。安全なコメを求める新しいネットワークができつつある。そのきっかけを与えてくれたのはコロナだ。新しくつながった方々は、コロナがなければ出会うことはおろか、すれ違うことすらなかった人たちに違いない。もちろん、今回のことがなければ、俺が倒れることもなかっただろうが。

というわけで、コロナが席巻した5月、6月という月は、意義深い体験をした期間だった。なんかねぇ、人生って複雑だよなぁ。

（2020年8月・第60号）

イネミズゾウムシといもち病

一面に青と緑の世界が広がっている。見渡す限り、山と田んぼが続く俺たちの村。

7月も終わりだというのに、まだ梅雨は明けず、相変わらず湿っぽい気候が続いている。ジメジメ感がこれほど長引く年も珍しい。湿気が多い環境は、稲には最も危険な病気であるいもち病（いもち病菌というカビの一種の糸状菌の寄生によって発病する）にとっては最適な環境だ。これに罹ると全滅もありうる。

今年になってコロナ、イネミズゾウムシ、いもち病と、次から次と押し寄せてくる難題に息つく暇がない。稲の病気や害虫のことを、田んぼに縁のない人にも分かってもらえるように説明するのは難しいが、事は主食のコメに関することだ。農家は……、少なくとも菅野農園は、この時期、どんな問題と格闘しながらコメづくりをしているのか、知っていただくのも悪いことではないだろう。

我が家の水田面積は４・３ha。その内訳は無農薬米60ａ（０・６ha）、残りは殺菌剤、殺虫剤、化学肥料ゼロ、除草剤を１回のみ使用というコメづくりだ。

この春、新型コロナウイルスの感染拡大で、コメの注文の大量キャンセルを受け、膨大な在庫を前に一時はどうなるかと思った。だが、全国の友人、知人の力を借りて販売する道ができ、なんとか出口が見えてきた。でも、その作業もまだ片付いたわけではない。そこに新たな難題がやってきた。イネミズゾウムシの大発生だ。

イネミズゾウムシは60ａの無農薬田にだけ大発生した。この虫は体長１㎜ほどで、田植え直後の苗の葉を食べる。ひどい場合は半分の収量すら見込めなくなるほど被害が広がる。40年ほど前にカリフォルニアから輸入された乾牧草に混ざって日本に上陸したらしい。農薬散布で簡単にやっつけることができるけど、農薬を使わない菅野農園での対策は水田への食用油の散布だ。彼らは夜、水底に生息し、日が昇ると茎伝いにはい上がってくる。その習性を利用し、水面に食用油を撒いておく。彼らが水中から外界に出るときに体は油に包まれ、窒息するという仕掛けだ。だけど農薬ではないから全滅はない。被害を低く抑える程度だ。1度では効果なく、2度、3度と食用油を撒いた。だが、それでもイネミズゾウムシによる苗の葉の食害が止まらない。そんなとき、抗菌力を失った無農薬田にいもち病が発生した。最悪の流れ。

いもち病対策の一つは酢の散布だ。酢には抗菌作用がある。だけど一番の予防は、多収穫をねらわず、密に植えることをせず、風通しを良くし、日光が足元まで届く成育環境で、健康な苗を育てること。反対にたくさん収穫しようと肥料を多めにやれば、葉色は濃くなり、成長に勢いをもたらすが、その分、病気への抵抗力が落ちる。農薬がなくても確かな実りを実現するためには、栄養過多にしないこと。この辺は人とよく似ている。

菅野農園では当然そのように育ててきた。それでもいもち病に罹ってしまったのは、イネミズゾウムシに葉が侵食され、本来苗が持っていた抵抗力を奪われてしまったからだ。いもち病がいったん発生すると、ひどい場合、稲は全滅、収穫量はゼロ。被害は、発病した田んぼだけにとどまらず、菌の胞子は近隣の田んぼにも飛び、近所の農家にも被害を及ぼしてしまう。何度か酢を撒いた。だけど、この湿っぽい天気にいもち病の菌の勢いは止まらない。もう、殺菌剤を使用するしかないと判断せざるを得なかった。すでに土に潜っているイネミズゾウムシの対応は来年となる。

一般の農家はここまで気をもむことはない。田植えと同時に殺菌剤、殺虫剤を撒くからだ。殺菌剤、殺虫剤は根からも吸収され、虫の害や病気に罹らずに稲は成長する。しかし、コメにも当然吸収されるだろうから、菅野農園では殺菌剤、殺虫剤を使わなかった。言い訳するようで嫌だけれど、仕方なく使う今年の場合も、県やJAが認定する農薬を減らした「特別栽培米」基準の5分の1も使わない。それも全部の田んぼにではなく、部分に限定してだ。

それでも、2020年産、2021年産の菅野農園のコメのリストから「無農薬米」が消える。悔しいし情けない。でも、一番悔しい思いをしているのは俺ではない。土を汚さないようにと、15年も「無農薬米」を育て続けてきた息子だろう。

（2020年9月・第61号）

農地と労働力の減少

暑い、暑いといっても9月。ようやく猛暑が消えた。山の栗のイガや、庭のりんごに柿の実も大きくなっている。稲刈りはもうすぐだ。

いま、農業が大きく揺れ動いている。「農地」と「労働力」、農業を見る上で大切なこの二つが、この数年、著しく減少しているのだ。

まず農地。２０１４年から19年までの5年間で、日本の農地のほぼ10万haが減少した。10万haと言われてもピンとこないだろう。例えば、どこに行っても田んぼだらけに見える山形県の水田面積が８・８万haであることを考えれば、失った農地の広さを想像できるだろうか。その他にも、荒廃や耕作放棄された農地が70万ha以上ある（２０１７年、農林水産省調べ）。

仮に日本の食料自給率が１００％近くあり、食べ物にも余裕があるならば、農地の減少も分からなくもない。しかし日本はいま、自給率がわずか38％しかないのだ。日本は先進国の中でも最低の、いわば「農業小国」となっている。その現実を考えれば、この農地の荒廃は農民として納得できない。荒れるがままの農地を、放置するしかない政策も容認できない。世界的な天候不順と人口増加の中、このままでいいわけがない。

次は労働力。農家の平均年齢は67歳（２０１９年）。70歳に近い世代が中心となっている。高齢化というよりは老齢化だ。この原因はよく言われるように後継者不足。背景には農産物価格の絶望的な安さと不安定さがある。ここでも詰まるところ、農業を守る政治の不在だ。

一つ例をあげればコメ。2018年（平成30）の1俵（60kg）あたりの生産原価は全国平均で1万5352円（農水省）。生産者のJA（農業協同組合）への販売委託価格は1俵あたりで1万6000円台を超えることはない。時には販売価格が生産原価より下回ることさえある。こんな状態が10年以上続いているのだ。これでは若い世代ならずとも農業を離れてしまうのは当たり前の話だ。

この米価は政治的意図をもった政策米価である。その意図するところは小農（小規模農業や家族農業）の離農促進、そして農業経営の大規模化、法人化にある。その方が合理的だということだろう。ところが、肝心の若い世代を含め、全体的に農業から離れていっているのが実態だ。就農人口の70％が65歳以上であり、35歳未満の働き盛りはわずか5％という現実がそのことを物語っている。

農地と労働力の減少を止め、農業を立て直すことができるとすれば、それはまず農民が安心して生産活動に従事できる環境づくりからだろう。環境を整えることで、農業以外からも人を呼び込むことができる。問題解決の糸口はそこにあるように思える。

あらためて言うまでもないが、人はクルマがなくても生きてはいけるが、食料がなければ生きていくことはできない。国内の食料がもし途絶えることになったら、食料のある国に土下座するしかない。農業の問題は、国民のいのちの問題であり、国の自立、尊厳にかかわる問題だ。

しかし百姓の俺が、この進行する農の危機、いのちの危機について、いくら口を酸っぱくして指摘しても、都会人にはなかなか分かってもらえないだろう。都会のスーパーには食料品があふれているからだ。

でも、気づいた時には、もう遅いぞ。

さて、話は変わるが、我が家は朝日連峰の麓にあり、そこでニワトリたちを放し飼いにしている。

自然に近づけてニワトリを飼えば、当然自然の方だって近づいてくる。腹ペコのタヌキやキツネに何度もニワトリが襲われてきた。奴らは1度や2度捕まってもへこたれない。負傷した足を引きずりながら繰り返しやってくる。

そこで俺は、奴らの「家庭」を想像した。

「もう行くのは嫌だって？　何言ってんのよ。子どもたちを飢え死にさせる気⁉」

奴らは女房からこっぴどく叱られ、仕方なく、恐怖に震えながらニワトリに近づいてきているに違いない。食べ物を手に入れるということはいのちがけのことなのだ。

人だって同じだろう。食べ物がなくなれば容易にタヌキにもキツネにもなるだろう。

あらためて農業政策、食料政策はこのままで本当にいいのか。その結果についての覚悟はできているのか。俺は広く人々に問いたい。繰り返すが、農業の問題は、この国に住む全ての人たちのいのちの問題だ。人を腹ペコのタヌキやキツネにしてはいけない。

コロナ不安と38℃になった暑さの中、こんなことを考えていた。

（2020年10月・第62号）

コメの格付けと農薬

もうすぐ稲刈りの季節。その作業を簡単に説明すればこうだ。

まず稲を刈り取り、脱穀する。今はこれを1台のコンバインで行う。次は脱穀したもみを乾燥させる。その後に続くのが乾燥したもみを剥いて玄米ともみ殻に分けるもみ摺りの作業。これが終わってようやく出荷となる。作業の中でも一番緊張するのが最後のもみ摺りだ。もみ摺りをして、初めて玄米になったコメを見るときだ。

稲にカメムシの被害があったかなかったか、じっと玄米を注意して見る。もしカメムシに喰い付かれていたなら、琥珀色の玄米の中にポツポツと黒いコメが混じる。食痕だ。それが1000粒の中に0から1粒以内ならば1等米。2〜3粒ならば2等米。4〜7粒ならば3等米というようにその数で玄米は格付けされていく。

それに応じて支払われるコメの代金が変わるのだ。因みに、手元にある平成29年産の価格表でいえば、「あきたこまち」の1等米は玄米60kgあたり1万2000円、2等米は1万1400円、3等米は1万400円だった。この価格は仮渡し金で、実際はこの額面よりも少し多いが、差額はこのまま。当然のことながら、農家は1等米を目標にして田んぼの管理を行っている。

仲間のケンちゃんの田んぼから、少なからぬカメムシの被害が出た年があった。稲刈り作業の最中、挨拶もそこそこに玄米を見せてもらうと、すくい取った玄米の中にポツンポツンと黒い斑点米がある。この年はケンちゃんの田んぼの約半分からこの斑点米が出た。これが2等米と格付けされれば、ケンちゃんの減収分は田んぼの面積から数えてざっと12万円。3等米なら32万円となる。米価が安い折、これは痛手だ。

実は、お米屋さんやスーパーなどでは「1等米」も「2等米」もない。ただ品種や産地があるだけだ。

カメムシの食痕である黒い斑点のある玄米は、色彩選別機を使い、農協や卸の段階で取り除く。消費者の台所には決して届かない。そういう仕組みになっている。

しかし、生産現場では格付けが厳しく行われ、その結果が農家の収入に直結している。こんな検査体制があるから、農薬散布はなくならないし、減らないのだ。なぜなら、この検査システムは農薬多投を前提としている。

よしんば1000粒の中に3〜4粒の黒い食痕のあるコメが混ざったとしても、味が変わるわけではない。食べ物としての優劣には何ら問題はない。それはいわば小さな「特徴」といった程度のものでしかない。それを細かくあげつらい、20種類にも分類し等級をつけようとするこのシステム。これが一層の農薬多投を促し、中国を抜いて、農薬使用量ダントツで世界一の、「農薬大国ニッポン」を作っている。因みにEUの残留農薬基準は、日本よりもおよそ100倍厳しい基準になっている。

コメを生産し消費するという、きわめて単純な行為の中に織り込まれているこの仕組みによって、たとえば、環境保全と結びつくコメづくりの取り組みが窒息させられていく。農薬を減らす、なくすことにどんなに価値があるとしても、農水省の20数種類の検査項目を1等米で通過しなければ、その不利益のすべてが農民個人に返されていくことになる。そんなコメをつくったアンタが悪いということだ。

秋になったのに、トンボをあまり見かけない。農薬のせいだろう。1000粒の玄米から数粒の斑点米を取り除くのに、そこまで生き物と環境に負荷をかけていいのかということだよ。農薬を減らす世界の流れに逆行している。美しい田んぼの光景の中に、こんな矛盾した現実がある。

農家として辛いよなぁ、ケンちゃん。

（2019年10月・第50号）

お稲荷様に行こうか

どなたにもあると思うが、いろいろなことが、それもあんまりありがたくはない出来事が、立て続けに起こることってあるもんだ。

そんなとき、「お稲荷様に行ってうかがって来るか」という人が、いまでもいるんだろうか。なぜ、こんなことが起こるのか。その道で力があるとされる人の所で占ってもらって、たとえば「東南で木が苦しんでいる」なんて言ってもらえば、日当たりや水はけの対策を講じてほっとする、ってこともあるかもしれない。お稲荷様はもともと「稲成り」からきた五穀豊穣をつかさどる農耕の神様だそうだ。

さて、ようやく今年のコメづくりは終わった。稲作は言うまでもなく自然相手の仕事。寒いにつけ暑いにつけ、毎年、なんだかんだとトラブルは絶えないが、今年は特にひどい年だった。

すでに書いたことだけれど、まず5月。新型コロナの感染拡大防止のため出された緊急事態宣言で、都市の消費量が一挙に落ちたことによる契約米の大量キャンセル。そのコメをさばくために、田植えに向けてのきつい労働が続く中、何日も夜遅くまでパソコンを叩き続けた。そのかいあって多くの方々の支援を得ることができ、何とか出口までたどり着けたのだが、俺はその疲労から、4日ほど入院する羽目になってしまった。

次は、これも同じ5月ごろから始まった低温と長雨。稲の分《ぶん》けつが進まない。「分けつ」とは植えられた苗が成長するに従い、枝分かれして増えていくこと。本来は1本の茎が10本にも20本にもなるのだが、今年はいつまでも少ない本数のままだった。

「今年は不作かな……」。この時期、農家の話題はここに集中していた。実際に、茎数が増えないまま秋を迎え、予想通りずいぶん減収することになってしまった。

その後の、これも書いたことだが、水田の害虫であるイネミズゾウムシの被害もひどかった。我が家の水田面積は4・3haだけど、特に被害が大きかったのは0・6haの無農薬田。農薬に依存しない我が家では、さまざまな自前の技術で対応したのだけれど、その勢いを抑えることができなかった。収穫量は2~3割落ちただろうか。

続いてのいもち病。この病気は高温多湿を好む菌によって発生する稲の病気で、強い伝染力を持っている。これに罹れば全滅もあり得る。古来、稲作では最も恐れられた病気の一つだが、この年の気候は菌にとって最適な年だった。イネミズゾウムシの害によって、抗菌力が減退していた無農薬田に、いもち病の害が広がった。

コロナによるキャンセル米に、長雨、害虫、病気……と立て続けに被害が続いたことで、全体ではかなりの減収につながってしまったが、今年はまだそれで終わりではなかった。

次に来たのが、我が家固有の出来事。トラクターの故障だ。農機具店に見積もりを頼んだところ、修理に100万円近くは必要だとのこと。肝心のコメの価格が安すぎて、そのための資金が稲作からは出ない。そんな状態は、我が家だけでなく、日本の家族農業全体に言えることだが、農業機械が故障したり壊れたりすれば即アウト。その時点で農業をやめるかどうかの選択を迫られることになる。

国からの制度資金があるではないかと言う人もいるだろう。確かに大規模化を目指し、合理化を進める農業法人などには、国が農業機械更新の3分の1から半額を補助する制度はあるが、菅野農園のような小規模の家族農業は対象外。あるのは離農へ背中を押すだけの政策。そんな厳しい現実が続いている。我が家はようやく土俵際で踏みとどまることができたが、日本の多くの家族農業はそんな崖っぷちに立たされている。

国連は家族農業や小規模農業が、世界の食料安全保障確保と貧困撲滅に大きな役割を果たすとして、2019年（平成31）から28年までを「家族農業の10年」と定めている。そんなときに日本から家族農業をなくしてしまっていいのか。ケッシテヒガミカラデハナク、イカッテイルノダ。大所高所からの政策が求められるところだ。

と、まぁ、こんな風にいろいろあったが、こんな厳しさ、苦しさは今や職種を超えて日本で暮らす人々共通の事になっているのかもしれない。

ふふ……、みんなで一緒に「お稲荷様」に行こうか。

（2020年11月・第63号）

大切なのはなんだ

稲刈りが終わった。今年（2021年）のコメの出来は良くなかった。原因は8月の異常な低温。いつもならばむせかえるような暑さの中で、穂は一気に登熟《とうじゅく》に向かうのだが、今年は肌寒さを感じるほどの低温で、未熟粒、くず米が大量に出る結果となった。農家の収量は昨年より大きく下回る。

稲作農家が気をもむのはコメの出来ばかりではない。カメムシの食痕があるかないかだ。収穫後のコメは資格を持った検査員によって評価される。食痕があれば琥珀色の玄米の中にポツポツと黒いコメが混じる。その食痕が1000粒の中に0から1粒以内ならば1等米。2～3粒ならば2等米。4～7粒ならば3等米というように格付けされ、農協への売り渡し価格に差が付けられる。ただでさえ安いコメ価格。2等米、3等米になったなら目もあてられない。作付面積にもよるが数十万円の差はすぐについてしまう。

幸いにも今年、その害は比較的少なかった。これは農家が殺虫剤散布を頑張った結果だろう。もし、その害が多かったら、コメ価格の暴落と冷夏による収量減、その上にカメムシの被害による格付けの低さまでが重なり……さらにひどい結果になっていた。

たとえて言えば、好きな相手からフラレただけでなく、付き合った時に支払ったお金を経費として請求されたようなもの。選挙で落選したところに、借金取りと逮捕状が一緒に来たようなものだ。泣きっ面にハチなんてもんじゃない。

農家はそんなリスクを前にして、緊張しながら食痕の検査を受けている。前も書いたように、米屋さんやスーパーで売られるときには「1等米」も「2等米」もなくなってしまう。ご存じのようにただ品種と産地が書いてあるだけだ。黒い粒は色彩選別機で取り除かれるし、そもそも3等米程度のカメムシの食痕があったとしても、食べるコメの味にはほとんど影響がない。

ところが、農家は審査を頭に置き、わずかな斑点もなくそうと農薬散布の回数を多くする。格付けを上げるにはそうせざるを得ないのだ。

日本は世界屈指の農薬大国。食の安全性よりも見た目重視の国の等級基準を変えれば、農薬の量もずいぶん減ると思うのだが、そうはなっていない。この制度によって、シミ一つない作物を得る代わりに、トンボなどの田んぼで生息するさまざまな生きものが激減している。農民が農薬を吸い込み、全身に浴びる状態を招いている。トンボも農家も苦しい。ニッポンは何を大切にしているのだろうか。

さて、話は変わる。昨年の5月、俺たちは「コメと野菜でつながる百姓と市民の会」という団体を立ち上げた。一緒に取り組んでいるのは新潟、山形、秋田、岩手、千葉、神奈川などの百姓たちと都市の市民や小さなボランティア団体。コロナ禍の影響を最も受けている困窮者・路上生活者・移住労働者とその家族に食の支援をする団体に、農家がコメと野菜を、都市住民は送料を提供する。そんな取り組みだ。

いま、首都圏では若者から老人まで、今日のメシにも事欠く、そんな人たちが増えているという。

所持金ゼロ円の30代の男性Cさん（元システムエンジニア）は、「今日までなんとか生きてきたのですが所持金が尽きてしまい、どうすることもできなくなってしまいました。最近死んでしまったほうが楽なのではないかと考えるようになり、最後に相談してみようとご連絡させていただきました」という。首都圏で救援活動に奮闘するSさんたちによると、こんな事例が増えているらしい。普通に暮らしていた人たちが、社会の底が抜けたように落ちていく。苦しむ人たちに国の支援が届いていない。社会福祉が機能していない。

二つの話に共通項はないように見えるけれど、俺の中ではしっかりつながっている。

それは国の舵取りの問題だ。そして我々一人一人の問題でもある。それを承知で改めて問わなければなるまい。ニッポン！　お前はいったい何を大切にしているんだ。国民の命ではないのか！　人々の暮らす風土ではないのか！

（2021年12月・第76号）

ゆでガエル

少しずつ寒くなってきた。こうなると最大の楽しみは、仕事が終わった後の夜の熱燗。日本酒をグビッとやる。熱い塊がのどを通って五臓六腑に染みわたる。寒さの一日は、これを旨いと感ずる為にこそあったのかと思うほどなんだよな。あぁぁ！　いいっ！

無精ひげと節くれだった手を持つ70歳の農夫。歩く格好も少しおかしくなってはきたけど、ま、百姓仕事の毎日だったしな。こんな俺と秋の夜と熱燗と手酌のお酒。似合いますなぁ。どこかワビシサが漂っていて。でもな、人生というのはな……。お、講釈はやめておこう。どなたかお相手においでになりませんか？

さて、それはそうと、秋もまっ盛り。田んぼではいま、刈り取りのコンバインが忙しく動いている。

一見のどかな風景だが、機械を動かす農家の表情は一様に沈んでいる。それというのも肝心のコメの価格がとんでもなく安いからだ。地元のＪＡ職員はその原因を「コロナによる業務用を中心とした消費量の落ち込みと、今まで持ち越した在庫量とが重なって、生産原価をはるかに下回るところまで市場価格を下げているから」という。

彼は「こんなんじゃ、今年も離農者がたくさん出るなぁ」とため息をついていた。

実際、どのぐらいの安さかといえば、JAの生産者仮渡し価格は1俵（60kg）あたり軒並み1万円を切る。他方、農林水産省が発表した1俵あたりの生産原価はといえば、2019年で1万5155円。お分かりいただけただろうか。1年間の労働が無収入になってしまうどころか、1俵あたり5000円ずつお金を付けてやらなければならないということだ。さりとて、情けないことに、その価格であっても売り渡さなければ、1銭のお金すら入ってこない。

これではいくら頑張っても暮らしてはいけない。ただでさえ安い農産物価格の中でのコメの大暴落。

かくて農業、農村、農家の壊滅的危機が一気に加速していく。

「それは需要と供給の問題だから仕方のない事」という人がいるかもしれない。でも世界の農業の趨勢は、作物価格を完全に市場流通に委ねることなく、肝心なところは切り離し手厚く保護して自国の農業を支えている。食糧が不足した時の社会に及ぼす影響はマスクの比じゃないからだ。食べるモノに事欠くようでは社会秩序が成り立たない。

いやいや、その時には諸外国から輸入すればいいという人もいるかもしれない。しかし、世界的な政情不安と気候変動の中、いつまでも国際市場が安定的に機能し続けると考えるのは無理がある。

コメの暴落による困窮者の問題は政治の問題だ。食糧生産にいったいどんな見通しをもって、自国の農業を存続の崖っぷちまで追い込もうとするのか。

でもなぁ。そう怒っているのは俺だけなんだろうか。一番心配しなければいけないはずの、胃袋を他人に委ねている消費者からは、「国民の食糧生産を危機にさらすな」などの緊迫した声は上がっていない。政治家にしてもどこか他人事なのだ。どうしてなんだ？

また他方で、事は自分たちの暮らしの問題でもあるはずなのに、農民の中からも「怒りの声」が上がらない。村はひっそりとして静かなのだ。何かがおかしい。どうしたんだ、いったい。

この静けさから、かつて環境問題などでよくいわれた「ゆでガエル」の話を思い出した。カエルを捕まえていきなり熱い湯に入れたらびっくりして逃げ出そうとするが、浴槽に入れて、水から徐々に時間をかけて温めていけば、ゆでガエルになるまで逃げ出さないというあの話。悪くなる環境に文句もいわず、ただ順応しようとするのだ。苦しいのは順応できない自分が悪いとでも思っているかのように、ただひたすら耐え続け、遂に「ゆでガエル」となって死に至るというあの話だ。

もしかしたら俺たちはすでに半分、ゆでガエル状態になっているのかもしれない。肝心な時に黙っているのは美徳でもなんでもない。声を上げなければならない時は、勇気を出さなければならない。気づいた人から声を上げなければならない。状況を変えていくとすればそこからだろう。

さぁて、俺はどこから声を上げるか……。晩酌しながら考えるべ。ゆでガエルになるのは嫌だからな。

（２０２１年11月・第75号）

雑種犬のモコ

童謡の『ゆき』の歌詞に「雪やこんこあられやこんこ降っては降っては……犬は喜び庭かけまわり、猫は……」とあるように、かつて犬たちは村の中を自由に歩き回っていた。

実際、犬はどこにでもいた。もちろん野良犬ではなく、飼い主がはっきりした犬だ。その犬の数はいまよりもずいぶん多かったように思う。犬たちはすべてが放し飼いだったから自然繁殖する。

「また産まれたぞ。誰か欲しい人はいないか？」

当時、犬は産まれた家からもらってくるもので、いまのようにペットショップなどから買ってくるものではなかった。血統書がどうしたという話もない。すべてが雑種だ。でもそれを問題にする人はいなかった。その分、犬はもちろんのこと、人もいまよりはもっと自由だったような気がする。

だが、いつの頃からか、人は犬にヒモを付け、行動の自由を奪い、血統書を付けて売り買いするようになった。犬は犬の意思で相手を選び、繁殖する自由を失った。

かつて我が家にはモコという犬がいた。中型犬のオスで、気立てのいいこと、器量のいいことでは近所で評判の犬だった。もちろん雑種。すでにヒモを付けて飼わなければならない時代に入っていて、我が家ではできるだけ長めのヒモを使い、可動範囲を広くとれるように工夫していたが、それでもニワトリたちを放し飼いで飼っている俺からすれば、ニワトリ以上に自由を制限していることに、いつも申し訳なさを感じていた。

近所にも同じようなメスの中型犬がいた。やっぱり自由を拘束されている。散歩の度にいつもモコはそこに寄りたがる。

ある晩、つないでいたヒモを解き、モコは一目散に相手の所に駆けつけた。モコはつかの間の自由を手にした。人間たちがそのことに気付くまでの間、お相手との楽しい時を過ごすことができた。それはたぶん、モコの人生で一番うれしい出来事だったに違いない。

その当然の結果……、相手のメス犬に6匹の子犬が生まれた。

人間たちは生まれたばかりの子犬たちを前に、「お前の犬が犯人だから当然お前が責任を取るべきだ」とか、「全部育てることなんて、とてもできねぇ。川に流してしまうか」とか、無慈悲な言葉を交わしている。

川に流すなんて忍びない。誰か引き取って、育ててくれる人はいないものか？

そこで俺は、「かわいい子犬です。どなたか引き取ってくれる方はいませんか？」。こんなチラシをおよそ200軒の家に配った。

驚いたことに、立て続けに問い合わせがあり、6匹の子犬は次々と引き取られていった。子犬がいなくなった後にも、「子犬はまだもらえますか？」という問い合わせがしばらく続いた。

なぜだい？　自慢じゃないが、雑種だよ。その疑問に業界に詳しい獣医の友人が応えてくれた。

「雑種の犬は、いまや希少価値なんだよ。血統書を持つ犬はペットショップで取引されるからビジネスとして増やされるけど、雑種犬はそうはいかない。ビジネス以外の繁殖の道ってあるかい？　鎖につながれているだろう。だから自然繁殖の道はゼロ。異性との出会いもままならず、減少の一途をたどっているというわけさ。犬が欲しい人の中には、雑種がいいという人もけっこういて、問い合わせが来るんだが、肝心の子犬がいないんだよ」

モコの場合はヒモを解いて駆けつけた結果だが、それがなければ、子を持つことなく終わってしまったわけで、多くの雑種はその運命にあるというわけだ。

雑種の絶滅。それを知って少し複雑な気分になった。

村にはまだ年頃の犬はいるようだ。ほとぼりが冷めた頃、俺はまた、そ知らぬ振りしてモコを放してやろうかと思ったものだった。

（２０２０年2月・第54号）

玄米を食べる

我が家は自然養鶏の玉子と、減農薬・無農薬のコメを生産する農家で、それらを消費者に直に発送している。

最近、増えているのは玄米と「分《ぶ》づき米」と呼ぶ五分づき、七分づきなどのコメの注文で、半分近くがそうだ。玄米はもみ殻を取っただけで精米していないコメのことで、米糠や胚芽が残っている。「分づき米」は精米の度合いによって米糠と胚芽を少し残したコメだ。

「胚芽にはさまざまなミネラルなどの大切な栄養素が豊富に含まれ、繊維質も多く、便通も良くなるしダイエットにも効果がある」。これは玄米を求める人からよく聞く話だ。だが、玄米をおいしく食べるには二つのハードルを越えなければならない。

そのハードルの一つ目は、玄米や分づき米がおいしく炊ける圧力鍋と出合うこと。二つ目は、胚芽を残しても大丈夫なコメに出合うことだ。身体に良いことは分かっていても、このハードルの存在が玄米食の広がりを難しくしていた。

まずは一つ目。玄米を普通の炊飯器で炊けばボソボソしていて食べにくいことこの上ない。そこで圧力鍋となるのだが、気に入った圧力鍋と出合うのが難しい。せっかく良いコメをつくっていながら、俺がなかなか玄米食に踏み切れない理由もそこにあった。

以前、玄米愛好派の人に、炊き立てをご馳走になったことがあったが、お世辞にもおいしいとは言えなかった。俺の不満顔を見て、「玄米だからそこは我慢しないとね……」と言う。だが、身体に良いからと意義で食べる、頭で食べるのではなく、そこはおいしいから食べたい、好きだから食べたい、とならなければ長続きはしない。

ずいぶん前のことだが、関西の自然食レストランに行った。そこで出てきた玄米が柔らかく、おいしかった。探せばおいしく炊ける圧力鍋はきっとあるはずだ。

ある日、山形県内に自然食の店を見つけ、試食の玄米があるというので食べてみたら、なんと、関西での記憶にそっくりで、柔らかくふんわりしていておいしかった。これなら毎日でも食える。

この炊飯器をすぐに注文した。それまでに試した炊飯器、圧力鍋は友人所有のモノを含め5〜6個。これが多いのか少ないのかは分からないが、はっきりしていることは、たいがいの人はそこまで探さず、途中で玄米食をあきらめてしまうだろうということだ。

そして二つ目。胚芽を残しても大丈夫なコメに出合うというのは、残留農薬のことだ。コメで農薬が一番残るのは、玄米の表皮にあたる米糠と胚芽だ。それを考えると、普通に栽培したコメは玄米食には向かない。

ここからは俺の私見だが、各県に「特別栽培米」というのがある。そう名乗るには条件があって、農薬の使用を慣行栽培（普通にやられている栽培）の半分以下にしている。これは慣行栽培に比べればずいぶんましだとは思うが、それでも玄米食には不十分だ。

近年、日本ではグリフォサート系農薬・除草剤のラウンドアップ（米モンサント社が1970年に開発）や、ネオニコチノイド系農薬・殺虫剤が広く使用されている。これらの農薬が、作物の受粉に欠かせないミツバチの大量死や、自閉症などの子どもの発達障害が増えていることと関係があるとされ、ＥＵ（欧州連合）では使用禁止になっている。しかし、日本ではむしろ使用が拡大している。

そんな農薬を使ったコメは、たとえ「特別栽培米」の基準に合っているとしても、玄米で食べることを俺は勧めない。

さて、話は戻る。玄米や分づき米の注文が増えてきたのは、手前味噌かもしれないが、菅野農園のコメづくりへの理解が広まったせいだと思っている。うれしいことだ。だけど、俺が求めているのは、もっと多くの人たちが玄米食を楽しめるようになること。そのためには、手軽に炊ける圧力鍋の普及と、それにふさわしいコメづくりの拡大が不可欠だ。それが時代の要請だとも思う。

ところで、俺が玄米をさらにおいしく食べるためにやっていることを紹介したい。それは1合あたり一つまみの自然塩と、少々の小豆を入れて炊くことだ。ゴマや乾燥シイタケなども試した。いずれもおいしかったよ。


（2022年5月・第81号）

藤三郎さんの農仕舞い

佐藤藤三郎《とうざぶろう》さんは、山形県上山市《かみのやまし》狸森《むじなもり》（旧山元村）在住で1935年（昭和10）生まれの86歳。現役の百姓だ。

ペンを持つ農民として佐賀県の山下惣一さんや、山形県上山市の木村迪夫《みちお》さん、同じく山形県高畠町の星寛治《かんじ》さん、山形市のいまは亡き斎藤太吉さんらと共に全国によく知られている。

俺が百姓になって、すぐに訪ねてみようと思っていた人。25〜26歳の駆け出しの頃、思い切って電話を掛けた。待ち合わせ場所に150cm余の小柄な藤三郎さんが近づいて来た。

満面の笑顔。１９０㎝の大男の俺は緊張して立つ。いっぺんに藤三郎さんのペースに巻き込まれた。格が違う。迫力は体軀ではないと実感した出会いだった。以後、置賜の俺たちは、親しみを込めて「藤三郎さん」と呼んでいる。

藤三郎さんが暮らす奥羽山系の狸森は、地名通りの山あいの村で、果たしてここを車が登れるのかと思えるほどの狭く急な坂道を登って、下って、また登って……の所にある。

山下惣一さんは、かつて藤三郎さんのことを「ぴょんぴょんと跳ねるように歩く人」だと思ったというが、彼の集落を訪ねてみて、その原因がよく分かったそうだ。そのように歩かなければ、つまずいて転んでしまうからだと。

なるほど、言われてみればそうかもしれない。

藤三郎さんはその村で田んぼをつくり、炭を焼き、牛を飼いながら、つい最近までコメづくりを続けてきた。いまもわずかだが野菜をつくり、直売所に運んでいる。

藤三郎さんのことをもう少し詳しく紹介すれば、農村評論家で農民評論家、あるいは戦後間もない頃、上山市山元村の小学校に赴任した無着《むちゃく》成恭《せいきょう》氏から指導を受けた「山びこ学校」の元生徒会長……。でも俺から言えば、やっぱり、山形県を代表する小農であり、山間地で農業を営む象徴的農民だ。

近年、グローバリズムが叫ばれ、農業の世界でも「国際競争力のある農業」「強い農業」でなければ存在する意味がないとばかりに、効率化、大規模化を推し進め、小さな農業、特に山間地の農業は淘汰の対象とされてきた。

藤三郎さんはそんな中、農業と山間地を活かした林業で暮らしを立ててきた。淘汰される農業、農村の立場から現代を捉え、厳しく指弾し、批評する農民文筆家として世に警鐘を打ち鳴らしてきた。それでいて決して尖がることなく、また偉ぶることもなく、いつも飄々として親しみやすい笑顔をたたえている。

今年1月、その藤三郎さんを囲む会があった。

藤三郎さんは3年前にコメづくりをやめた。そのときのことを、「農仕舞いをした」と言った。

戦中に生を受け、敗戦が10歳前後。一貫して村で暮らし、農業と林業で生きてきた。それは、この国、村、農業を襲った激動の現代史とも重なる。決してよそ事ではない。もしかしたら、藤三郎さんの農仕舞いは、そのままこの国の農仕舞いとなるのかもしれない。

いま藤三郎さんの胸に去来するものはなんなのだろうか。藤三郎さんに聞いた。

「田んぼかい？　いまは雑草が生えたままになっているよ。引き受けてくれる人は誰もいないからな。田んぼに気の毒でよぉ。田んぼには悪いことをしたなぁ……と、いまも思ってるんだ」

「再び農が力を得て、村を守る、村がよみがえる。若い人たちが堂々と村で生きられるような社会、地域が本当に実現できないか。希望はいまも捨てていない」
「そのためには農業を大規模化するのではなく、農＋農外収入の兼業で、村と小さな農業を共に残す。若くはないがそんな地域社会づくりに貢献したいと思っている」
「経済、流通のグローバル化で、狸森のような山の中で暮らしていても肉や魚が食べられる。でもすべては金に依存する。それでは肝心の地域社会が維持できない。崩壊していく。例えば山形県を3～4のブロックに分けて、地域資源に依存した新しい地域自給の仕組みをつくっていくことができないかと考えている。地域が残るにはそれしかない」

藤三郎さんが最後に力を込めて、「岸田総理は新しい資本主義というが、求められているのは『新しい社会主義』だと思う」と語った。

この一言に、藤三郎さんの歩んで来た道、これからも歩み行く方向が凝縮されているように思えた。

コロナ禍のさなか、久しぶりに出合えた学びの時間だった。

（2022年7月・第83号）

山下惣一さんを想う

山下惣一《そういち》、享年86。農民・作家。

今年（2022年）7月10日、肺がんのため佐賀県唐津の病院で亡くなった。家族には「俺は寿命で死ぬのであって、病気で死ぬのではない」と繰り返し言っていたという。山下さんらしい話だ。

俺は幸運にも彼の葬儀に参列して、遺骨を拾うことができた。そして……「骨を拾う」ことの意味を繰り返し自分に問うていた。

俺が両親の後を追いかけながら百姓としての人生を歩み始めたのは26歳の時。それから2、3年たった頃、偶然に『惣一ちゃんの農村日記』という本に出合った。俺にとって、これが山下さんを知った始まりだった。

「えっ、こんな人がいたんだぁ！」

読んだ瞬間、いっぺんに心を持っていかれてしまった。俺も百姓として、農業関係の本はけっこう読んできたが、山下さんの本はそれらのどれとも違っていた。

彼は玄界灘に面した棚田で、農業を営む現役の農民である。村を覆う現実はどこの何をとっても深刻なのだが、それを村の活きたエピソードとして、村人たちの泣き笑いの中で書いていた。それがすこぶる面白い。タテマエやアルベキ論、理想論のたぐいは一切ない。全てホンネ。だから東北の百姓の俺もスッと入っていける。「そうだ、そうだ」と同調し、笑い、怒り、共感しているうちに、著者の意図した着地点にいつの間にか運ばれている。気持ちのいい読後感と「あ、そうか。そんな見方もあるのか……」と数多くの気付きを与えられた。

以来、今日までいつも身近に山下さんを意識しながら百姓人生を送ってきた。

戦後、農政は、生産の効率化、大規模化の道をひたすら歩み続け、兼業農家や小農、家族経営農家の首切り、淘汰を進めてきた。山下さんはその渦中、彼自身が整理される側の小農、百姓として、小説、評論、ルポなど、50冊余に及ぶ作品を書いた。

当時もいまも、時の政府は、離農促進政策と規模拡大政策が避けられない「鉄の法則」でもあるかのように触れ回り、印象付け、農民の生産意欲を削ぎ落とし続けてきた。それでもなお、農民であることをあきらめない者を恫喝し、農業を続けていくことが世間に対して悪い事でもしているような気分に追い込んでゆく。

「お前たちがそんな小さな農業を続けていること自体、社会のお荷物だ。いつまでこの国の経済の足を引っ張り続けたら気がすむのか」。俺自身もこんな言葉を投げかけられたことは一度や二度ではなかった。

いまも漂うそんな空気の中、「私たちは長い間、日本の農業は零細でダメだ、ダメだと言い聞かせられながら、首をすくめて生きてきました。もっと自信を持ちましょう。専業でも、兼業でも、半農半Xでも、日曜百姓でも、家庭菜園でもいいのです。全て小農です。小農だからいいのです。強いのです。楽しいのです。豊かなのです。そして強い農業が生き残るのではなく、生き残った農業が強いのです」（山下惣一「小農学会設立総会基調講演」から、2015年11月29日）

山下さんは農と村の現場、小農の立場から一貫してそんな農政に、異を唱え、抗ってきた。そのことが農業、農民の利益だけではなく消費者の利益にも、社会全体の安定にも、そして世界の持続性、人類の普遍的利益にもつながっていく道だと主張し、踏ん張ってきた。俺が今日までの農民としての人生を、誇りを失わずに歩んでこれた背景には、山下さんの大きな存在があったといまさらながら気付く。

彼は実際に生きたことを言葉にし、話した世界を生きてきた。決して大言壮語の人、口舌の徒、筆先だけの人間ではなかった。山下さんは「アジア農民交流センター」と「TPPに反対する人々の運動」の代表者であり、活動する百姓でもあった。俺もそれらの団体の共同代表として、山下さんと共に国内だけでなく、タイや韓国などの農民と交流する機会があった。山下さんはいつでも、現地の農民にすぐに溶け込む。その意味では稀有のオルガナイザーでもあった。

山下惣一。戦後日本の自作農（運動）が産みだした屈指の人物。彼のような農民はもう二度と現れないのではあるまいか。
山下惣一はすでに逝った。逆らっても抗っても、小農が絶滅危惧種になろうとしている流れは淡々と進んでいる。それらに立ち向かう有効な手立てはないものか。俺は骨を拾いながら、そんなことを考えていた。

（2022年9月・第85号）

農民、木村迪夫さんの詩と人生

俺が東北は山形県、置賜地方に帰り、代々続いた農家の後継者となったばかりの1975年（昭和50）。同じ山形県の農民の、ひとまわり上の世代がとてもまぶしかった。この中には農民の文学運動誌『地下水』に集う、山形が全国に誇る農民たちが数多く存在している。彼らは今も農業を営みながら、第一線で詩作活動や社会批評、評論活動などを続けている。

俺はそれらの文章に接しながら、どれだけ励まされてきたか分からない。俺が農民としての誇りを失わずに今までやってこれたのも、この人たちがいてくれたおかげだと思っている。

山形県上山市牧野《まぎの》で農業を営む86歳の農民詩人、木村迪夫《みちお》さんもそんな先達の一人だ。木村さんは丸山薫賞、現代詩人賞、農民文学賞など数々の賞を受賞している。

木村さんは5人兄弟の長男として生まれ、父を小学校4年の時、戦争によって失った。山あいの小さな村。当時、貧しいといえばみんなが貧しいのだが、特に貧しい農家の、祖母と母と子どもだけの、村の中でも弱い立場の家族の長男として、弟たちの面倒を見ながら、小さな耕地を耕し「泣きながら」生きてきたという。

そんな暮らしの中、生きるために詩を書き、詩にすがって生きてきたとも語る。そこからの叫びが幾多の詩となって私たちに迫る。

「祖母のうた」（＊）
二人の子どもを国にあげ
残りし家族は泣き暮らし
よその若衆見るにつけ
うちの若衆今頃は
賽《さい》の河原で小石積み
想いだしては写真を眺め

なぜか写真はもの言わぬ
言わぬはずじゃよ焼いじゃもの（焼き付けたもの）
十三頭で五人の子どもおかれ
泣き泣き暮らすは夏の蟬
日本の日の丸なだて（何故）赤い
帰らぬおらが息子の血で赤い
おらの唄なの唄だと聴くな
泣くに泣かれず唄で泣く

当時、村の農民にも2種類あって、旧地主、権力者、と下層農民。木村さんはその下層農民として、その時々の現実と正面から向き合おうとしてきた。上から下りてくる政策に安易に同調することはなかった。

俺がそんな木村さんに特別の親しみを持つようになったのは１９７７年から始まるコメの「減反政策」と、それへの反対の取り組みからだった。村ごとに減反面積が割り当てられてくる。村人たちがともに暮らす集落の中で、「減反拒否」を行動で示すことは極めてキツいことだった。拒否する側は農業を軽んずる国の政策に同意するわけにはいかないということなのだが、その時の村の「係り」である同じ村の農民仲間とぶつかることになる。

村人同士、農民同士の対立になってしまうのだ。

どうするべきか。農民としても、村人としても煩悶する。この苦しさは、俺も減反を拒否した側に立ちながらも、破綻した経験を持っているからよく分かる。俺の場合は帰農1年目だったが、木村さんの場合、村の中で数十年、ともに生き、ともに暮らして来た仲間たちと「対立」することになる苦しさは尋常ではなかったはずだ。

減反拒否はいわば日本の農業と百姓の大義のための行動だった。敗北を分かっていても、破綻しようとも、そこにぶつかっていくしかなかった。

木村さんは自分の利益のために生きていない。愚直で不器用。いつも損ばかりしている人。生き方において妥協してこなかった人。相手がとてつもなく大きな力だったとしても、けっして自分をごまかすことなく、自分自身への誇りを何よりも大切に生きようとしてきたのだと思う。

まさに農業の世界を詩人・木村迪夫として生きてきた。というよりも、農業の中で生きようとして詩を書いた。

その木村さんが「農仕舞い」をするという。代々つないできた農業をやめる。苦楽をともにしてきたサクランボの樹を切り、プラムを切り、ブドウを切り、田んぼもやめる。農のタスキを渡せる後継者が見つからないのは木村さんだけではない。誰にも受け取ってもらえない沢山のタスキ。それらが風に煽《あお》られながら、あっちでもこっちでも、ふわふわとさまよっている気がした。この国の「農仕舞い」は近い。そしてそれは「国仕舞い」につながっている。

（２０２２年11月・第86号）

＊原文はすべてひらがなで書かれている。祖母の唄う自作の歌詞を、木村さんが書き取ったものだという。ここでは漢字に置きかえたものを引いた。

完全にイカレっちまう前に

俺はここまで、農の話、土の話、いのちの話、食べ物の話など、何度も農の現場から届けてきた。果たして届いていたのだろうか。いよいよ農業の世界は切羽詰まってきた。「俺、都会人だから関係ない」って？　そうは言っていられなくなってきたと思うよ。食糧を供給してきた農業の危機は、あなたの食といのちの危機に直結している。

まず、食べ物の供給地である農村でいま起きていることを思いつくまま挙げてみる。

農民はどんどん離農している。もちろんずいぶん昔からその傾向はあったが、ここ数年はそれ以前とは比べものにならないぐらいの早さと規模で離農が進んでいる状態だ。村ではいままでになかった「農仕舞い」（農終い）という言葉が行き交う。安さを求めて風土の違う海外の農産物と無理やり価格競争させ、国内農産物を買い叩いてきた結果だ。こんな国ではアホらしくて農民なんてやってられないという事だろう。自分の家族のためのわずかな畑や水田を残して、あとはきれいサッパリと離農する。

その結果、農民と言えば、少数の大規模農家（法人）と、いまさら勤めには……と残った、わずかな年寄りだけ。それとていまは貴重な農業労働力。就農している農民の年齢ピークは70〜73歳。その人たちもあと数年で現場から離れていくだろう。そのあとを継ぐ世代はほとんどなく、わずかな大規模農業だけが残るのだろう。しかし、それもやがて離農に追い込まれていくだろう。無策の中、国内農業には破綻への道だけが開かれている。

プロの農民たちが逃げ出すぐらいだから、慢性的労働力不足。だから圃場も充分に管理できない。水田から春の若草の風景が消えつつある。代わりに広がっているのは、除草剤による枯草の風景だ。春なのに、人間で言えば重症、重体の風景だ。

それでも農業生産が続いているうちはいい。海外に依存している化学肥料が高騰し、かつ手に入りにくくなっているという。多くを海外に依存している家畜（豚、牛、乳牛、鶏など）のエサも高騰していて、飼料の継続性が危ぶまれている。

農業の継続が危ぶまれているのに、それをさらに加速させているのが農業機械の高騰だ。

小農（家族農家）には機械の更新にあたっての一切の補助金がなく、安い作物価格の中、いったん故障したらそのまま離農するしかない。

その結果、食べ物が手に入りにくくなるという最悪のシナリオが近づいている。これは国民的な問題だ。そうなれば遺伝子組み換え作物であろうが、農薬づけの穀物であろうが、コオロギなどの昆虫食であっても、手に入るものは何でも食べなければならなくなる。

その上、頻繁な異常気象とコロナウイルスや政変などによる流通ルートの不安定さだ。トマホークの買い付けなどと言っている場合じゃない。安定して食べ物を確保する道、自国の農を育てる道こそ肝心だったのだが、農の崩壊過程に入ったいまとなってはもう遅いのかもしれない。

そんな事態が近づいているにもかかわらず、食べ物を粗末にするおバカな番組が横行して、食の危機を改善する民意が育たない。政治も国民のいのちを守る、最低限の役割を果たしていない。自給率38％。

もはや「ゆでガエル」状態だね。感性が完全にイカレてしまっている。だけど、全ての国民がアホなわけではない。ある種の破局が近いことに気付いている人たちは、首都圏を離れ、田畑と暮らしとの距離を縮め、自力で生存の道を確保しようとしている。

ちょいと話が変わる。3月下旬の夜半。わが家の鶏舎にキツネが侵入して、ニワトリ100羽を残らず殺していくという事態が発生した。厳重に警戒している中での出来事だった。もし侵入に失敗したら、俺たちが彼らを捕まえ殺していた。現に菅野農園ではいままでにも7匹ほどのキツネを捕まえ、処分している。それでも来た。食べ物を求め、覚悟の上での侵入だったのだろう。

食べ物がないという事はそういうことだ。命がけのこと。人間だってキツネにもなる。「百姓の独り言」で俺は警鐘を鳴らし続けてきた。あとは自分でなんとかするしかないな。

でもね、最悪の時を迎えた場合でも、読者とは、一緒に食べ物を探す努力をしていきたいと思っている。

（2023年5月・第89号）

もっと農の話をしよう――あとがきにかえて

いまさら自己紹介でもないが、俺は百姓だ。

山形県置賜地方の一隅で、地球の表面を引っ掻きながら暮らしている百姓だ。ここに書いたのは、そんな百姓暮らしの七転八倒の記録。

「あるべき論」「理想論」ではなく、都会で暮らす若い友人たちに送る「もう一つの日本」からのメッセージだ。人が生きる源である土やいのちの世界、自然と共鳴する農的暮らし、その現場から、あなたへのお誘い……、そんなつもりで書いた。

田んぼの話、放牧養鶏、雪国の四季や村の暮らし、土の話、百姓としての俺のこだわりや生き方などを、百姓仕事の傍らで自由に書いてきた。序章は少し重いが、農村の現実として受け止めてほしい。この本が地方か、都会かを問わず、若い友人たちの書棚の片隅に置かれ、読み手の発想の広がりに貢献できたらうれしい。


今年も暑い夏だった。日陰のない田んぼでの毎日の農作業。頭上からの熱い日射しと、足元からの沸騰したお湯が発するような熱気。働く息子も稲もずいぶん辛そうに見えた。でも、その暑さに負けることなく、今年も稲は黄金の穂をつけて実ってくれている。

苗が成長し、稲になる。一粒の種から一本の苗が生まれ、それがやがて20本前後の株となって穂をつける。春の一粒が秋になると約1600粒に。一杯のご飯は、元をたどればわずか2粒の種。植物の恵み。ありがたいことだ。

それを育むのは農の力。人間が生き続けていくためには農が不可欠だ。人の世の持続性は持続する農があってのこと。農がなければ誰も生きられない。

だがいま、日本の農業を支えてきた農民が、急速に農業の表舞台から去ろうとしている。稲作農家の時給がたったの10円だという（2023年現在）。農家の誰もが逃げ出さざるを得ない状態。そして、どんどん逃げ出している現実。食料生産地の崩壊。それがそのまま自分たちのいのちの危機につながっているというのに、あいも変わらず、グルメだ、大食いだと大騒ぎしているこの国の国民のあまりの幼稚さ。おバカな実態。世も末だと思う。

あらためて言うまでもないが、人はクルマがなくても生きていけるが、食料がなければ生きていけない。食料が途絶えたら、食料を持っている他国に土下座するしかない。それでも手に入らないかもしれない。農業の問題は、そのまま人々のいのちの問題であり、この社会の自立、尊厳にかかわる問題につながる。

2024年の夏。全国の米屋やスーパーからコメが消えたことで大騒ぎとなった。農業が崩壊しつつあるいま、自らを改め、いままでとは違う道を選び取り、切り開いていく力と見識が、この国の政府や国民にあるのか……。なかったらいのちはつながらない。きっとあるはずだ。
もっと希望を伴った農の話をしよう。いのちと豊かな暮らしを創り出す話として。生産者も消費者もなく、同じ課題を分かち合う仲間として、もっと農の話をしよう。農と互いのいのちをどうつなぐか。そんな希望を語るように、もっともっと農の話をしよう。
いま、若い人たちの中には、農に近づき、土を耕すことを暮らしの一部にしようとする人が増えていると聞く。農を仕事にせず、農的な暮らしを楽しむだけでもいい。プランターでもいいんだ。育てたものを口に運ぶとき、そこには何物にも代えがたい農の世界の喜びがあるはずだから。

この本は雑誌『地域人』に連載した文章をもとにしている。遅れがちな執筆を辛抱強くお待ちいただいただけでなく、適切なご助言を与えてくれた渡邊直樹編集長、駒井誠一さん、ありがとうございました。そして、たまった原稿を何とか本の形まで導いてくれた編集者の山﨑範子さん、連載中に毎号、季節感あふれる写真を撮ってくれた写真家の佐藤一成さんにもお礼を申し上げたい。最後に、この連載を一番目の読者として意見を述べ、支えてくれた妻の佐智子に改めて感謝の気持ちを伝えたい。

2024年9月
菅野芳秀

菅野芳秀（かんの・よしひで）

大正大学地域構想研究所 客員教授／地域支局研究員（山形県長井市）。置賜自給圏推進機構共同代表。1949年（昭和24）生まれ。山形県長井市出身、在住。大学卒業後、労働運動への参加などを経て、76年帰郷。父の後を継ぎ、百姓となる。

水田の単作経営を経て、83年より自然卵養鶏を軸に、2haの水田、20aの自家用の野菜畑との有畜複合経営を開始。88年より有志2名と共に旗揚げに取り組んだ「台所と農業をつなぐながい計画」（レインボープラン）は97年より始動、長井市の循環型地域づくり事業の根幹となっている。現在、菅野農園の主な仕事は2005年に就農した息子が担う。

著書に『七転八倒百姓記 地域を創るタスキ渡し』（現代書館、2021年）、『玉子と土といのちと』（創森社、2010年）、『土はいのちのみなもと生ゴミはよみがえる』（講談社、2002年）。

生きるための農業
地域をつくる農業

二〇二四年十一月五日　第一版第一刷発行

著者　菅《かん》野《の》芳《よし》秀《ひで》
発行者　神達知純
発行所　大正大学出版会
〒一七〇―八四七〇
東京都豊島区西巣鴨三―二〇―一
電話　〇三―三九一八―七三一一（代表）
製作・販売　大正大学事業法人 株式会社ティー・マップ
電話　〇三―五三九四―三〇四五
ファクス　〇三―五三九四―三〇九三
組版　株式会社ティー・マップ
印刷・製本　藤原印刷株式会社

ISBN978-4-909099-85-3　C0095
Printed in Japan

地域人ライブラリー刊行にあたって

日本の人口減少は加速度的に進み、東京への一極集中も止まらず、都市と地方の格差は是正されるどころか広がり続けています。

大正大学では2014年10月、地域構想研究所を設立。「日本と地域の希望と未来」を志向する研究活動と、地域活性化の構想と実現を担う人材育成事業を実施しています。2016年4月には「地域に学び、地域をつくる」地域創生学部を新設し、東京のキャンパスでの学びと地域での実習により、地域課題を見極め課題解決する「地域人材」の育成にもつとめています。

これに先立ち2015年9月には、地域構想研究所の事業のひとつとして、地域創生のための総合情報誌『地域人』を創刊。以後2023年5月の第89号まで、別冊2冊を含め91冊を全国の書店で販売してきました。雑誌『地域人』は「地に生きる、地を生かす」をコンセプトに、地域を元気にする「地域人」の活動、先進事例を解説・論説を加えて紹介。地域創生のテキストとしても活用していただきました。

雑誌『地域人』は現在は休刊中ですが、「地域創生」が日本が取り組むべき課題であることは今でも変わりません。雑誌『地域人』で8年間蓄積したコンテンツは、地域創生に取り組むうえでの貴重な資源であり、ヒントとなることでしょう。

大正大学では、2026年の大学創立100周年記念企画のひとつとして、雑誌『地域人』で得たコンテンツをもとに編集した新たな書籍シリーズ「地域人ライブラリー」をここに刊行し、「地域創生」に向けてさらに取り組んでまいります。

2024年11月